高等学校遥感信息工程实践与创新系列教材

OpenGIS设计开发基础教程

——基于QGIS+PostGIS设计开发

孟庆祥　王飞　王少华　编著

WUHAN UNIVERSITY PRESS
武汉大学出版社

图书在版编目(CIP)数据

OpenGIS 设计开发基础教程:基于 QGIS + PostGIS 设计开发/孟庆祥,
王飞,王少华编著. —武汉:武汉大学出版社,2018.8
高等学校遥感信息工程实践与创新系列教材
ISBN 978-7-307-20320-4

Ⅰ.O⋯ Ⅱ.①孟⋯ ②王⋯ ③王⋯ Ⅲ.地理信息系统—系统开
发—高等学校—教材 Ⅳ.P208.2

中国版本图书馆 CIP 数据核字(2018)第 145584 号

责任编辑:鲍 玲　　　责任校对:汪欣怡　　　版式设计:汪冰滢

出版发行:**武汉大学出版社**　　(430072　武昌　珞珈山)
(电子邮件:cbs22@ whu. edu. cn 网址:www. wdp. com. cn)
印刷:武汉中科兴业印务有限公司
开本:787×1092　1/16　印张:13　字数:301 千字　插页:1
版次:2018 年 8 月第 1 版　　2018 年 8 月第 1 次印刷
ISBN 978-7-307-20320-4　　定价:30.00 元

序

  实践教学是理论与专业技能学习的重要环节，是开展理论和技术创新的源泉。实践与创新教学是践行"创造、创新、创业"教育的新理念，实现"厚基础、宽口径、高素质、创新型"复合型人才培养目标的关键。武汉大学遥感信息工程类（遥感、摄影测量、地理国情监测与地理信息工程）专业人才培养一贯重视实践与创新教学环节，"以培养学生的创新意识为主，以提高学生的动手能力为本"，构建了反映现代遥感学科特点的"分阶段、多层次、广关联、全方位"的实践与创新教学课程体系，目的在于夯实学生的实践技能。

  从"卓越工程师计划"到"国家级实验教学示范中心"建设，武汉大学遥感信息工程学院十分重视学生的实验教学和创新训练环节，形成了一套针对遥感信息工程类不同专业和专业方向的实践和创新教学体系，形成了具有武大特色以及遥感学科特点的实践与创新教学体系、教学方法和实验室管理模式，对国内高等院校遥感信息工程类专业的实验教学起到了引领和示范作用。

  在系统梳理武汉大学遥感信息工程类专业多年实践与创新教学体系和方法的基础上，整合相关学科课间实习、集中实习和大学生创新实践训练资源，出版遥感信息工程实践与创新系列教材，以更好地服务于武汉大学遥感信息工程类在校本科生、研究生实践教学和创新训练，并可为其他高校相关专业学生的实践与创新教学以及遥感行业相关单位和机构的人才技能实训提供实践教材资料。

  攀登科学的高峰需要我们沉下去动手实践，科学研究需要像"工匠"般细致入微实验，希望由我们组织的一批具有丰富实践与创新教学经验的教师编写的实践与创新教材，能够在培养遥感信息工程领域拔尖创新人才和专门人才方面发挥积极作用。

2017 年 1 月

前　　言

随着社会需求的不断深入和扩大，以及相关知识理论体系和技术的不断完善，GIS 正在迅速发展，而在这快速发展的过程中，开源 GIS 有着自己突出的贡献。从 20 世纪 90 年代开源思想就开始渗透到 GIS 领域，国内外许多科研院所相继开发出开源 GIS。2006 年初，国际地理空间开源基金会(OpenSource Geospatial Foundation，OSG)成立，基金会的项目已从最初的几个，发展为满足 B/S 架构的前端地理信息渲染平台、各种地理空间中间件、涵盖企业级地理空间计算平台等数十个门类的开源 GIS 项目。

不同于商业 GIS 软件，开源 GIS 软件不用背负数据兼容、易用性等问题的包袱，开发者能够集中精力致力于功能的开发，因此开源 GIS 软件功能强大，所用技术也比较先进，其背后是来自全球众多技术狂热者和学院研究生的大力支持。开源 GIS 软件目前已经形成了一个比较齐全的产品线。在 www. freegis. org 网站上，我们会发现众多各具特色的 GIS 软件。传统的综合 GIS 软件 GRASS，数据转换库 OGR、GDAL，地图投影算法库 Proj4、Geotrans，也有比较简单易用的桌面软件 Quantum GIS，空间数据库有基于 PostgreSQL 的 Post-GIS，Java 平台上有 MapTools，MapServer 也是优秀的开源 WebGIS 软件。

本书旨在指导学生进行基于 QGIS+PostGIS 开源 GIS 的设计与开发，希望通过该课程的实习和本书的指导，学生能系统地掌握开源 GIS 的特点和国内外发展现状，了解最新的开源 GIS 软件，熟悉开源 GIS 软件的一般开发过程，掌握开源 GIS 设计与开发类课程的理论，建立开源 GIS 设计与开发的基础知识理论结构体系。在此基础上，能够使用可视化编程技术与开源 GIS 控件相结合的方式设计和实现简单开源 GIS 应用系统，掌握组件式开源 GIS 开发技术。通过实习，同学能够在亲自动手编程的基础上了解开源 GIS 软件设计、软件开发、软件工程、软件应用等一系列基本知识与应用技能。

本书共 9 章，可以分为三个部分：前两章是第一部分，介绍了 OpenGIS 的基本内容；第二部分包括第 3 章到第 7 章，详细介绍了 QGIS 等开源软件的安装、操作；第三部分是设计开发方法介绍，其中第 8 章介绍了基于 Python 的插件开发方法，而第 9 章介绍了在 VS2010 环境中进行组件开发的详细步骤。

本书可作为本科生专业选修课的教学用书，同时也是研究生和 GIS 设计开发爱好者的参考用书。

参与编写的作者及分工情况如下：

孟庆祥(武汉大学)负责全书的组织、统稿和检查，撰写了第 1、第 2、第 3、第 4 章和第 9 章；

王飞副教授(清华大学深圳研究生院)撰写第 5、第 6 章；

王少华副教授(武汉大学)撰写第 7、第 8 章。

　　同时，孟亦菲(中国地质大学(武汉))、姜文宇、李从正、陈培东、李萌、姜卓君、李福等同学参与了部分撰写工作。

　　而且，在本书的编写过程中，参考了多篇博客、硕士论文以及相关的 GIS 开发类书籍，在此对他们表示感谢。由于笔者能力有限，书中难免会有错误，希望广大读者批评指正！

　　特别的是，本书得到了"十三五"科技部国家重点研发计划(资助号：2016YFC0803107，2016YFB052601，2017YFB0504103)和深圳市科技创新项目基础研究(资助号：JCYJ20170307152553273)基金的资助。

目　　录

第1章　OpenGIS 概述

这一章介绍了 OpenGIS(开放式地理信息系统)的基础知识。随着开源思想的不断渗透，出现了开源 GIS。OGC(开放地理信息系统协会)针对开源 GIS 制定了一系列开放标准和接口，以规范地理数据的互操作。本章节首先介绍开源 GIS 的相关概念，以便读者能够先了解开源 GIS。接着介绍 OpenGIS 在国内外的发展状况。第三节将介绍 OpenGIS 的相关技术，包括 OpenGIS 数据、OpenGIS 软件、地图 API、OpenGIS 类库等。

1.1　概述

现代科技的发展日新月异，随着技术的应用和普及，GIS 逐渐从专业应用走向社会，走向大众。GIS 社会化和大众化需要实现地理数据共享和互操作，同时尽可能地降低地理数据采集处理成本和软件开发应用成本。目前的地理信息系统大多是基于具体的、相互独立的平台开发的，它们采用不同的开发方式和数据格式，对地理数据的组织也有很大的差异，垄断和高额的费用在一定程度上限制了 GIS 的普及和推广。在知识经济与经济全球化的时代，资源环境与地理空间信息资源是现代社会的战略性信息基础资源之一，地理空间信息产业已成为现代知识经济的重要组成部分。20 世纪 90 年代，开源思想广泛渗透到 GIS 领域，国内外许多科研院所相继开发出开源 GIS。2006 年初，国际地理空间开源基金会(OpenSource Geospatial Foundation，OSG)成立，基金会的项目已从最初的 8 个，发展为满足 B/S 架构的前端地理信息渲染平台、各种地理空间中间件、涵盖企业级地理空间计算平台等数十个门类的开源地理空间项目。

开源 GIS 优势不仅仅是免费，而在于其免费(Free)和开放(Open)的真正含义，前者代表自由与免费，后者代表开放与扩展。与商业 GIS 产品不同，由于开源 GIS 软件的免费和开放，用户可以根据需要增加功能，当所有人都这样做的时候，开源产品的性能与功能也就超过了很多商业产品，因而也造就了开源 GIS 的优势和活力。此外，和一般的商业 GIS 平台相比，开源 GIS 产品大多都具有跨平台的能力，可以运行于 Linux、Windows 等系统，开源 GIS 软件得到学术界和 GIS 平台厂商越来越多的重视，成为 GIS 研究和应用创新的一个重要领域。

1.1.1　OpenGIS

在了解 OpenGIS 之前得先介绍一下 OGC(开放地理信息系统协会，OpenGIS Consortium)，OGC 为 OpenGIS 定义了一系列的标准和接口。

OGC 是一个非营利性组织，由商业部门、政府机构、用户以及数据提供商等多个领域的成员组成，以获取地理信息处理市场最大的互操作(Interoperability)。

OGC 会员主要包括 GIS 相关的计算机硬件和软件制造商(包括 ESRI，Intergraph、MapInfo 等知名 GIS 软件开发商)，数据生产商以及一些高等院校、政府部门等，其技术委员会负责具体标准的制定工作。其目的是通过信息基础设施，把地理空间数据资源集成到主流的计算技术中，促进可互操作的商业地理信息处理软件的广泛应用。它致力于消除地理信息应用(如地理信息系统、遥感、土地信息系统、自动制图/设施管理(AM/FM)系统)之间以及地理应用与其他信息技术应用之间的藩篱，建立一个无"边界"的、分布式的、基于构件的地理数据互操作环境。

通常，人们所谓的 OpenGIS，其实是 Open Geodata Interoperation Specification(开放的地理数据互操作规范)，是由美国 OGC(OpenGIS 协会，OpenGIS Consortium)提出，指在计算机和通信环境下，根据行业标准和接口所建立起来的地理信息系统。它不仅使数据能在应用系统内流动，还能在系统间流动。OpenGIS 为在不同的地理信息系统软件之间实现互操作性，以及在异构分布式数据库中实现信息共享提供了途径。OpenGIS 技术将使 GIS 始终处于一种有组织、开放式的状态，真正成为服务于整个社会的产业以及实现地理信息的全球范围内的共享与互操作，是未来网络环境下 GIS 技术发展的必然趋势。

OpenGIS 是一个开放标准，不过它已经不仅仅在开源世界发挥作用，许多商业软件也支持 OpenGIS 的标准。当然，这里所提到的软件全部都是开源软件。OpenGIS 的目标是，制定一个规范，使得应用系统开发者可以在单一的环境和单一的工作流中，使用分布于网上的任何地理数据和地理处理。与传统的地理信息处理技术相比，基于该规范的 GIS 软件将具有很好的可扩展性、可升级性、可移植性、开放性、互操作性和易用性。

1.1.2　OpenGIS 的特点和作用

1. OpenGIS 的特点

OpenGIS 具有下列特点：

(1)互操作性

不同地理信息系统软件之间连接、信息交换没有障碍。开放 GIS 在以下方面有更大的可操作性：访问或分配地理数据；为用户提供地理数据处理能力；把地理数据和处理方法集成到可以交互使用的计算体系中；选择合适的操作平台——个人计算机类型、服务器类型、分布式计算机平台类型(CORBA、OLE/COM、DCE 等)；为用户配置合适的地理处理工具。

(2)可扩展性

硬件方面可在不同软件、不同档次的计算机上运行，软件方面增加新的地学空间数据和地学数据处理功能。应用软件开发者进行二次开发变得更容易、更灵活；可以开发访问地理数据的软件；可以开发访问地理数据源的软件；可以集成空间和非空间数据为不同的用户定制不同的应用程序；可以选择自己熟悉的二次开发环境；应用软件可以在不同操作平台中运行；重新进行地理编码。

(3)技术公开性

开放思想主要指对用户公开，公开源代码及规范说明是重要的途径之一。开放 GIS 规范使地理数据处理方法应用在所有网络版 GIS 环境、遥感、控制和限制数据库的 AM/FM

系统、用户界面、网络和数据处理中。权威的计算范例从封闭系统转向开放系统，从孤立转向实时互操作系统，从固定包装的独立应用软件转向配有为用户提供更灵活功能组件软件的应用软件环境。

（4）可移植性

可移植性是指独立于软件、硬件及网络环境，不需修改便可在不同的计算机上运行。除此之外，还有诸如兼容性、可实现性、协同性等特点。

2. OpenGIS 的作用

开放 GIS 是做什么的呢？开发者用开放 GIS 规范的界面建立系统的过程中要开发一些过渡软件、组件软件以及能处理所有类型地理数据和具有地理数据处理功能的应用软件。这些系统的用户可以共享一个巨型的网络数据空间，数据可以在不同的时间由无关的组织用不同的方法为实现不同的目的而采集，也可以处于早期的控制系统之下。

具有开放 GIS 规范统一界面系统的地理数据可以被其他所有具有开放 GIS 规范统一界面的软件访问。这些界面使标准桌面 PC 机或运行低档开放 GIS 绘图应用软件的手提电脑的用户能够通过制图软件中简单图形选取功能在网上查询远程数据服务器，因为远程数据服务器储存着一些商用的地理数据。这些数据存储在配置有开放 GIS 界面的通用关系数据库管理系统（RDBMS）中，一部分数据也许是几年前在 Genasys、Intergraph MGE 或 ESRIARC/INFO 系统中采集的，也可能是一套共用的关系型数据库记录集，用户利用绘图应用软件进行查询时，记录集的地址位置局限在满足用户查询条件的区域，由于客户绘图软件存在着不足，信息在传送过程中可能会丢失一部分，但服务器和客户端应用程序可以把信息处理的大概或详细情况告知用户。

用户还能从远程服务器请求获得地理数据处理服务，一些价格较低的应用软件就可以下载 GIS 功能的工具条，这些工具条可以控制高级的、功能强大的远程 GIS 服务器。在许多分布式地理数据处理应用软件方案中，为了得到一个答案，这些应用软件可以到多个服务器上进行查询。基于网络的过渡软件对这一功能的实现起着重要的作用。开放 GIS 规范为软件开发者提供了框架，根据这些框架开发的软件可以使它们的用户在一个开放信息技术的基础上通过一般的计算界面就可以访问和处理不同来源的地理数据。

1.1.3　开放模式

开放 GIS 就是网络环境中对不同种类地理数据和地理处理方法的透明访问。开放 GIS 的目的是提供一套具有开放界面规范的通用组件，开发者根据这些规范开发出交互式组件，这些组件可以实现不同种类地理数据和地理处理方法间的透明访问。

从小型产业到全球空间数据基础机构，开放 GIS 协会的 OGIS 工程技术委员会已经制定完成了一系列 OGIS 文献的第一部分，其中《开放 GIS 交互性指南》中全面而深入地阐述了 OGIS，接下来出版的 OGIS 文献将包括高级技术语言，这种语言是一种完全意义上的执行语言，不需要解译。但 OGIS 并非 OGC 的最终对象，《开放 GIS 交互性指南》的出版不是 OGC 的第一个重要里程碑。OGC 的真正功能是在地理信息领域制定一个规范来统一我们的行业，并把这种规范融入到更宽的技术领域和更大的市场中，使它成为全球信息基础机构不可分离的一部分，全球信息基础机构主要是组织世界性活动和解决重要环境和基础设施问题的机构。类似的工作在其他行业已经取得了成功。

国际竞争不是 OGC 所要解决的问题，OGC 所要解决的是把本行业从信息技术这个大行业中分离出来。长时间以来，GIS 只不过是一个"家庭手工业"，它的很多方面与机械行业在工业革命前的受限情况相似，不过这种情况已经得到了改善。

GIS 软件开发正朝着组件式 GIS 方向发展，因为在 19 世纪和 20 世纪，组件式这一基本原则已经加强了技术上的优势：例如，通过先把一个复杂繁琐的大问题划分为一个个更易解决的小问题，从而成功地进行了工程分析。充分利用现有的零件和材料就可以进行组装制造。一套可行性标准的出台、商品和物质的丰富更使组件式成为了现实。

《开放 GIS 交互性指南》中的一个新概念"信息通信"对 GIS 的普及起着重要的作用。OGIS 的第一版将规范空间属性和几乎所有信息行业所需要的支持。然后，OGIS 将提供一个标准方法，通过这种标准，信息行业可以为在他们学科或行业中使用的空间数据编辑符号，设定开发方法和配置使用权限。也就是说，因为学术评论委员会和专业组织协会提供了符号定义，"基础 OGIS"将会被扩充，学术评论委员会和专业组织协会的职责就是为他们的用户建立符号和编译规则的，这些符号和编译规则将确定"基础 OGIS"和其他学科空间符号的信息行业界面。

1.2　OpenGIS 的发展

1.2.1　国外发展现状

开源 GIS 在国外有了长足的发展，目前已经有开源 GIS 桌面应用软件、开源 GIS 数据库产品、开源 GIS 类库、开源 GIS 组件、WebGIS 产品等，涉及 C、C++、.NET、Java、JavaScript、Python、PHP、VB、Delphi 等语言。并且很多开源 GIS 软件能同时在 Windows 和 Linux 系统上运行。目前，著名的开源 GIS 软件大多来源于国外。OSGeo 现在支持的项目已经有 22 个。许多国际科研机构和大公司都在推动开源 GIS 的发展。著名开源社区 sourceforg. net 上一直活跃着上百个 GIS 相关的项目。正是开源社区的参与者源源不断地为开源 GIS 注入新鲜的血液。

在开源 GIS 应用方面，G. Brent Hall 等研究了利用 Web2. 0 和开源软件让大众参与提供地理信息；Daoyi Chen 等评估了开源 GIS 软件在发展中国家水资源管理的应用；Francis 讨论了开源 GIS 的使用问题；Chaeles M. Schweik 等总结了利用 QGIS，GRASS，Postgre SQL/PostGIS 等开源 GIS 软件开设在线地理信息系统课程的感受；Steiniger Stefan 等介绍了开源地理信息工具在景观生态中的应用；Steiniger Stefan 等概述了目前自由和开源桌面 GIS 软件的发展；Bas Vanmeulebrouk 等对基于开源 GIS 的 HIV/AIDS 管理信息系统进行了研究；C. George 等利用开源 Map Window 开发了土壤和水资源评价工具；Andrew J. 结合出版的卡特里娜飓风地图和开源 GIS 软件研究了死亡率和位置的关系；Caldeweyher 等研究了开源 GIS 的 Web 信息交流系统；Kamel Boulos 等研究了利用 MapServer 发布健康专题图并用它连接远程 WMS 资源；Lars Gunnar 等对开源 GIS 在地区健康信息管理系统中的应用进行了研究。上述应用都有力地推动了 OGIS 的发展。

1.2.2 国内发展现状

开源 GIS 软件目前在国内开源界还没有形成代表性的原创作品，主要就是对在国外开源项目应用的研究。近几年的研究内容主要有：

①基于对多种栅格数据支持的 GDAL 库，实现了对影像的多种处理：配准、纠正、仿射变换、各种转换等。

②基于客户端开源 GRASS、OpenLayers 实现了多种业务信息的数据组织、网络服务框架建立、服务发布及用户交互。

③基于 SharpMap 实现了多种业务功能的设计与实现，可以支持多种数据格式，其开源版本有 C#版本。

④基于 GeoServer、MapServe 实现了后台数据的组织、管理和发布，可以支持当前多种常用的空间数据格式。

⑤基于开源数据库 PostgreSQL、PostGIS，结合业务数据，建立了后台空间数据库，进而为业务应用、服务发布提供数据支撑。

⑥基于可视化三维地球浏览平台 World Wind 实现了三维模型的集成、浏览和发布等，World Wind 可以免费使用 NASA 发布的海量数据。Cesium 是另一个三维可视化开源项目软件，主要是开源 JavaScript 库，可以在 Web 浏览器中创建 2D 和 3D 地图，不需要使用任何的插件，它使用 WebGL 进行硬件图形加速，并且跨平台，跨浏览器，适合用来进行动态数据可视化。

⑦其他开源项目。

由上可以看出，国内在开源 GIS 软件的设计开发方面有了快速的发展，为国内的开源GIS 生态注入了新的活力。

1.3 OpenGIS 的相关技术

OpenGIS 的出现和兴起，除了受到开源思想的影响，OGC 指定一系列开放 GIS 标准规范和接口外，还受到了一系列技术的推动，如开放 GIS 数据、开源的 GIS 软件以及一些企业或机构提供的开放地图 API，这些技术使得 OpenGIS 得到快速发展。

1.3.1 OpenGIS 数据

数据是 GIS 的"血液"，没有数据的 GIS 是没有生命力的。对于开放 GIS，必不可少的就是开放的 GIS 数据。常见的开放 GIS 数据主要有以下几种：

1. OpenStreetMap

OpenStreetMap(OSM)是一款由网络大众共同打造的免费开源、可编辑的地图服务，如同地图领域的维基百科，如图 1-1 所示。OpenStreetMap 有点像谷歌自家的 Map Maker 地图制作工具，它是利用公众集体的力量和无偿的贡献来改善地图相关的地理数据。当然，它与谷歌地图的一大不同在于，OSM 是非营利性的，它将数据回馈给社区重新用于其他的产品与服务。近年来，OSM 备受瞩目，多家知名科技品牌弃用谷歌地图转而投入该开源地图平台的怀抱。OSM 的元素主要包括三种：点（Nodes）、路（Ways）和关系

（Relations），这三种元素构成了整个地图画面。其中，Nodes 定义了空间中点的位置；Ways 定义了线或区域；Relations 定义了元素间的关系，图 1-2 为从 OSM 上导出的北京市区域数据。OpenStreetMap 有以下一些特点：

①免费的全球地图数据库；

②维基百科式；

③用户根据手持 GPS 设备、航空摄影照片、卫星影像、用户本地知识绘制；

④导出格式：OSM、Shp 等。图 1-3 为 QGIS 打开 OSM 数据的效果图。

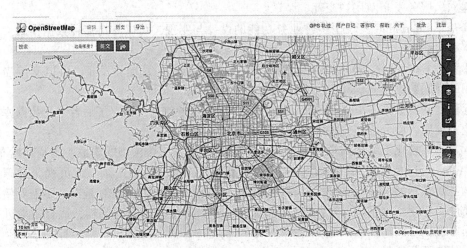

图 1-1　OpenStreetMap 官网（网址：http：//www.openstreetmap.org/）

OSM extracts for Beijing

```
OSM extracts for Beijing

Beijing.osm.csv.xz              0.8M
Beijing.osm.garmin-onroad.zip   1.4M
Beijing.osm.garmin-opentopo.zip 5.2M
Beijing.osm.garmin-osm.zip      4.8M
Beijing.osm.gz                 10.7M
Beijing.osm.mapsforge-osm.zip   3.4M
Beijing.osm.navit.zip           4.2M
Beijing.osm.opl.xz              7.8M
Beijing.osm.pbf                 4.7M
Beijing.osm.shp.zip             9.3M
Beijing.osm.svg-google.zip       2M
Beijing.poly
CHECKSUM.txt

help | screenshots | extracts | commercial
support

Start bicycle routing for Beijing
```

图 1-2　导出北京市区域数据

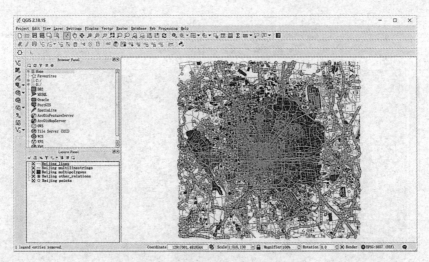

图 1-3　用 QGIS 打开 OSM 数据

2. DEM 数据(SRTM 90m 数据)

SRTM(Shuttle Radar Topography Mission, 航天飞机雷达地形测绘任务)数据, 2000 年 2 月由美国太空总署(NASA)和国防部国家测绘局(NIMA)联合发射的"奋进"号航天飞机测量得到。获取的数据范围为北纬60°至南纬56°, 东经180°至西经180°之间的所有区域, 覆盖全球陆地表面的80%以上。SRTM 地形数据按精度可以分为 SRTM1 和 SRTM3, 分别对应分辨率精度为 30m 和 90m 的数据(目前公开数据为 90m 分辨率的数据, 数据版本为 SRTM V4(Geotiff 格式)), 图 1-4 为下载的 DEM 数据, 图 1-5 为 DEM 晕渲图。下载地址: http://srtm.csi.cgiar.org/或者 http://www.giscloud.cn.

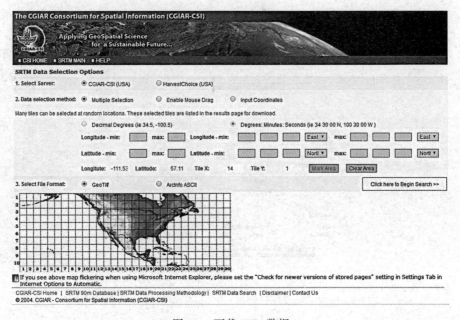

图 1-4　下载 DEM 数据

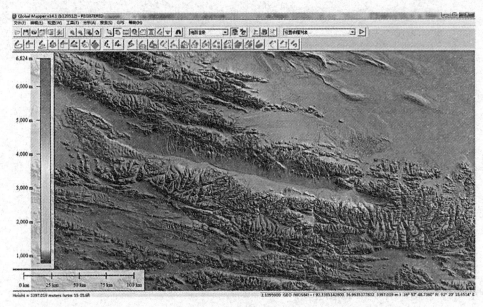

图 1-5　DEM 晕渲图

3. GeoNames

GeoNames 为全球地名数据库，超过 1000 万地名，包括 280 万知名地点及 550 万别名，将地名分为 9 大分类。中国目前有超过 64 万个地名，可以在官网中查询某个地区的所有地名，以 CSV 格式导出。图 1-6 为 GeoNames 官网页面，图 1-7 为在 GeoNames 中查询北京市公园的结果页面。

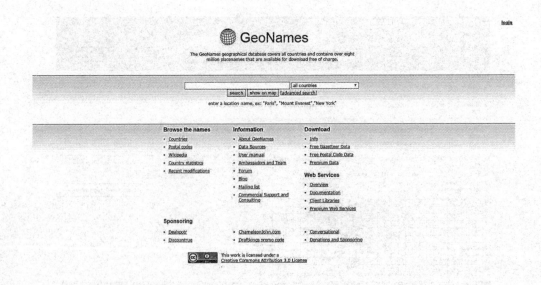

图 1-6　GeoNames 官网（网址：http：//www.geonames.org/）

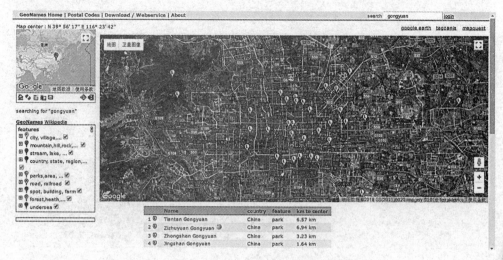

图 1-7 在 GeoNames 中查询北京市公园的结果

4. GADM

GADM 的全称是 Global Administrative Areas，是全球行政区划数据库，包括了几乎全部国家及地区的国界、省界及更小的行政区划；国内分四级：国界、省界、地市级界、区县界，下载格式包括 Shapefile、ESRI geodatabase、RData、Google Earth kmz 等，下载地址为 http：//www. gadm. org/country。图 1-8 为 GADM 官网页面，图 1-9 为在 QGIS 中打开区县级数据的结果，图 1-10 为区县属性表。

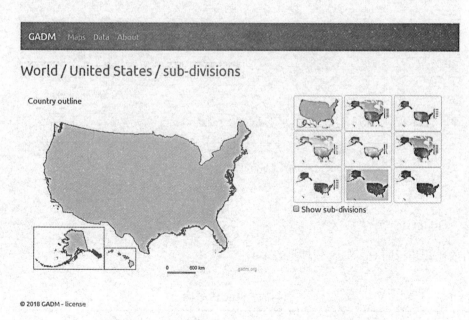

图 1-8 GADM 官网(网址：http：//www. gadm. org/)

9

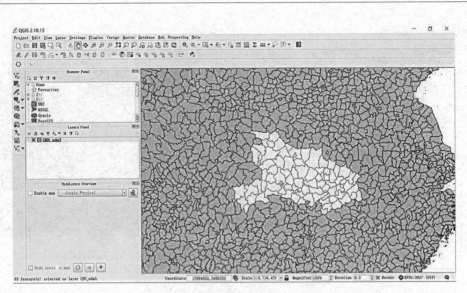

图 1-9　在 QGIS 中打开区县级数据

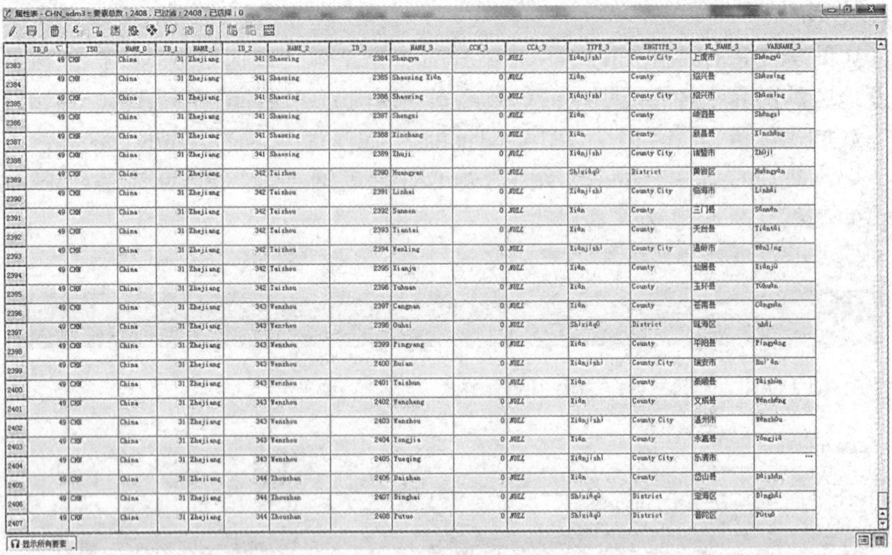

图 1-10　区县属性表

1.3.2　OpenGIS 软件

目前比较流行的 OpenGIS 软件见表 1-1。

表 1-1　　　　　　　　　　　　　　　常用的 OpenGIS 软件

序号	分类	代表产品
1	WebGIS 客户端	Openlayers、Leaflet

续表

序号	分类	代表产品
2	WebGIS 服务器	GeoServer、MapServer
3	桌面 GIS	QGIS、uDig、Grass GIS
4	空间数据库	PostGIS、SpatialLite
5	三维 GIS	WorldWind、OpenWebGlobe
6	移动 GIS	Mapsforge

1. OpenLayers

OpenLayers 是一个专为 WebGIS 客户端开发提供的 JavaScript 类库包。目前最新版本是 OpenLayers3。OpenLayers 支持的地图来源包括 Google Maps、Yahoo Map、微软 BingMap 等，用户还可以用简单的图片地图作为背景图，与其他的图层在 OpenLayers 中进行叠加，在这一方面 OpenLayers 提供了非常多的选择。在操作方面，OpenLayers 除了可以在浏览器中帮助开发者实现地图浏览的基本效果，比如放大、缩小、平移等常用操作外，还可以进行选取面、选取线、要素选择、图层叠加等不同的操作，甚至可以对已有的 OpenLayers 操作和数据支持类型进行扩充，为其赋予更多的功能。图 1-11 为 OpenLayers 网站界面。

图 1-11　Openlayers 网站界面

2. Leaflet

Leaflet 是一个为建设交互性好、适用于移动设备地图而开发的、现代的开源 JavaScript 库。代码仅有 33KB，但它具有开发在线地图的大部分功能。Leaflet 设计坚持简便、高性能和可用性好的原则，在所有主要桌面和移动平台能高效运作，在现代浏览器上会利用 HTML5 和 CSS3 的优势，同时也支持旧的浏览器访问。支持插件扩展，有一个友好、易于使用的 API 文档和一个简单的、可读的源代码。Leaflet 强大的开源库插件涉及地图应用的各个方面，包括地图服务、数据格式、数据提供、地理编码、路线和路线搜索，地图控件和交互等。Leaflet 主界面如图 1-12 所示。

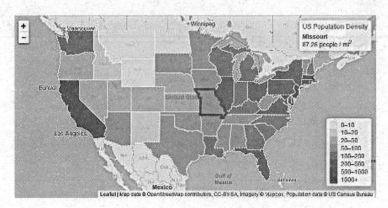

图 1-12　Leaflet 主界面

3. GeoServer

GeoServer 是一个功能齐全，遵循 OGC 开放标准的开源 WFS-T 和 WMS 服务器。利用 GeoServer 可以把数据作为 maps/images 来发布(利用 WMS 来实现)，也可以直接发布实际的数据(利用 WFS 来实现)，同时也提供了修改、删除和新增的功能。GeoServer 主界面如图 1-13 所示。

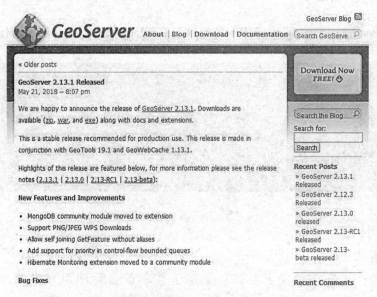

图 1-13　GeoServer 主界面

4. MapServer

MapServer 是由美国明尼苏达大学(University of Minnesota)在 20 世纪 90 年代利用 C 语言开发的开源 WebGIS 项目，它具有强大的空间数据的网络发布功能。MapServer 是一套基于胖客户端/瘦客户端模式的实时地图发布系统，客户端发送数据请求时，服务器端实时地处理空间数据，并将生成的数据发送给客户端。MapServer 的核心部分是 C 语言编写的地图操作模块，它本身许多功能的实现依赖一些开源或者免费的库，利用 GEOS、OGR/GDAL 实现对多种矢量和栅格数据的支持，通过 Proj.4 共享库实时地进行投影变换。同时，还集合 PostGIS 和开源数据库 PostgreSQL 对地理空间数据进行存储和 SQL 查询操作，基于 ka-map、MapLab、CartoWeb 和 Chameleon 等一系列客户端 JavaScript API 来支持对地理空间数据的传输与表达，并且遵守 OGC 制定的 WMS、WFS、WCS、WMC、SLD、GML 和 Filter Encoding 等一系列规范。图 1-14 为 MapServer 官网界面。

图 1-14　MapServer 官网界面

5. uDig

uDig 是一个开源的(EPL 和 BSD)桌面应用程序框架，构建在 Eclipse RCP 和 GeoTools 上的桌面 GIS。uDig 属于开源桌面 GIS 软件，基于 Java 和 Eclipse 平台，可以进行 shp 格式地图文件的编辑和查看；是一个开源空间数据查看器/编辑器，对 OpenGIS 标准，关于互联网 GIS、网络地图服务器和网络功能服务器有特别的加强。uDig 提供一个一般的 java 平台来用开源组件建设空间应用。uDig 应用界面如图 1-15 所示。

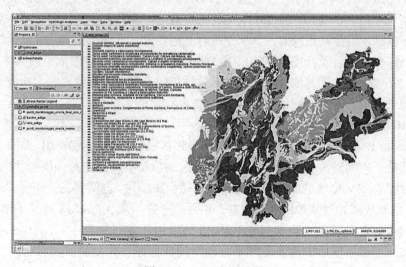

图 1-15　uDig 应用界面

6. QGIS

QGIS 是一个用户界面友好的地理信息系统，可运行在 Linux、Unix、Mac 和 Windows 平台上。QGIS 是基于 Qt，使用 C++语言开发的一个用户界面友好、跨平台的开源版桌面地理信息系统。其主要特点有：支持多种 GIS 数据文件格式，通过 GDAL/OGR 扩展可以支持多达几十种数据格式；支持 PostGIS 数据库；支持从 WMS、WFS 服务器获取数据；集成了 GRASS 的部分功能；支持对 GIS 数据的基本操作，如属性的编辑修改等；支持创建地图；通过插件的形式支持功能的扩展等。QGIS 主界面如图 1-16 所示。

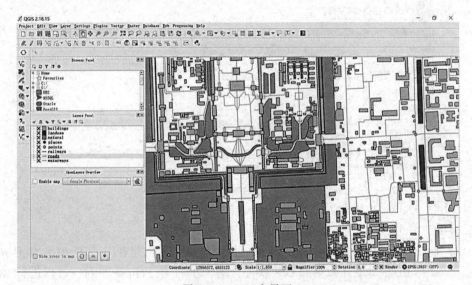

图 1-16　QGIS 主界面

7. GRASS GIS

GRASS GIS 是开源平台下一个重量级的 GIS 软件。20 世纪 80 年代初，美国军方建筑工程研究实验室(USA/CERL)的 Bill Gorgan 负责遴选一款具有土地管理、环境规划、环境评估的 GIS 软件。但最终竟没有一款软件符合上述要求，不得已，Gorgan 开始组织一批志愿者进行 GIS 软件设计及开发。目前，GRASS GIS 的新版本不但继承了旧版本 30 多年的设计经验，还充分借鉴了其他开源代码 GIS 软件包的丰富程序资源和强大功能模块，成为了当之无愧的开源 GIS 软件的佼佼者。图 1-17 为 GRASS GIS 主界面。

8. PostGIS

PostGIS 是 PostgreSQL 关系数据库的空间操作扩展。它为 PostgreSQL 提供了如下空间信息服务功能：空间对象、空间索引、空间操作函数和空间操作符。同时，PostGIS 遵循 OpenGIS 的规范。PostGIS 的版权被纳入到 GNU 的 GPL 中，也就是说，任何人可以自由得到 PostGIS 的源代码并对其做研究和改进。正是由于这一点，PostGIS 得到了迅速的发展，越来越多的爱好者和研究机构参与到 PostGIS 的应用开发和完善中。PostGIS 不论在功能还是扩展性方面都不落后于商业 GIS 平台的空间数据库，其发展前景将会越来越好。图 1-18 为 PostGIS 主界面。

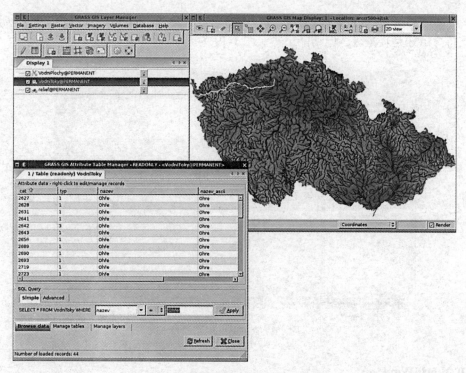

图 1-17 GRASS GIS 主界面

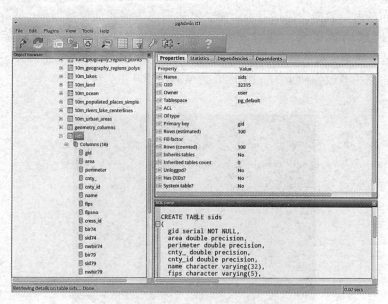

图 1-18 PostGIS 主界面

9. Spatiallite

SQLite 号称"全世界最小"的数据库，在几乎绝大多数数据库都具有空间数据的存储和查询功能后，SQLite 目前也有了空间数据的扩展功能，利用该功能，可以按照 OGC 的

Simple Feature Access 标准存取空间数据。这个项目就是 Spatiallite，它为 SQLite 增加空间数据支持。虽然是轻量级，但功能丰富。图 1-19 为 Spatiallite 主界面。

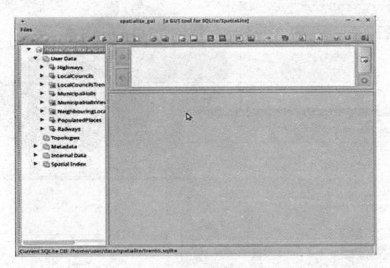

图 1-19　Spatiallite 主界面

10. WorldWind

WorldWind 是美国宇航局的一个开放源代码的项目软件。通过 WorldWind 可以免费使用 NASA 发布的海量数据，包括卫星影像、雷达遥感数据和气象数据等。WorldWind 作为可视化三维地球浏览平台，具有三维可视化的能力，采用了先进的流传输技术，WorldWind 是个完全免费的软件，主要面向科学家、研究工作者和学生群体。国内很多三维 GIS 软件都是由其改编而来的。图 1-20 为 WorldWind 主界面。

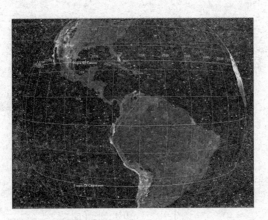

图 1-20　WorldWind 主界面

11. OpenWebGlobe

OpenWebGlobe 是一个高性能的浏览器三维引擎，可应用于可视化仿真、游戏、三维

GIS、虚拟现实等领域。它是用纯 JavaScript 语言编写而成，可以运行在任何支持 HTML5、WebGL 的浏览器上。使用 OpenWebGlobe 可以快速构建一个属于我们自己的三维地球。图 1-21 是 OpenWebGlobe 主界面。

图 1-21　OpenWebGlobe 主界面

1.3.3　地图 API

目前，地图 API 主要指互联网公司提供的地图调用 API，主要包括 Web、Android、iOS 及其他调用接口。比较常用的有 Google Map API、百度地图 API、高德地图 API、腾讯地图 API 等。优势主要是方便集成、功能强大、节省成本等。缺点主要是需要连网、位置偏移、不易扩展、面临许可风险等。可以根据实际情况使用不同的地图 API。图 1-22 是高德地图 API，图 1-23 是百度地图 API。

图 1-22　高德地图 API

图 1-23　百度地图 API

1.3.4　OpenGIS 类库

1. GDAL 类库

GDAL(Geospatial Data Abstraction Library)是一个在 X/MIT 许可协议下的开源栅格空间数据转换库。它利用抽象数据模型来表达所支持的各种文件格式。它还有一系列命令行工具来进行数据转换和处理。

OGR 是 GDAL 项目的一个分支，功能与 GDAL 类似，只不过它提供对矢量数据的支持。很多著名的 GIS 类产品都使用了 GDAL/OGR 库，包括 ESRI 的 ArcGIS9.3，GoogleEarth 和跨平台的 GRASS GIS 系统。利用 GDAL/OGR 库，可以使基于 Linux 的地理空间数据管理系统提供对矢量和栅格文件数据的支持。

GDAL 提供对多种栅格数据的支持，包括 Arc/InfoASCIIGrid(asc)，GeoTiff(tiff)，ErdasImagineImages(img)，ASCIIDEM(dem)等格式。

GDAL 使用抽象数据模型(abstractdatamodel)来解析它所支持的数据格式，抽象数据模型包括数据集(dataset)、坐标系统、仿射地理坐标转换(AffineGeoTransform)、大地控制点(GCPs)、元数据(Metadata)、栅格波段(RasterBand)、颜色表(ColorTable)、子数据集域(SubdatasetsDomain)、图像结构域(Image_StructureDomain)、XML 域(XML：Domains)等。

GDALMajorObject 类：带有元数据的对象。

GDALDataset 类：通常是从一个栅格文件中提取的相关联的栅格波段集合和这些波段的元数据；GDALDataset 也负责所有栅格波段的地理坐标转换(georeferencingtransform)和坐标系定义。

GDALDriver 类：文件格式驱动类，GDAL 会为每一个所支持的文件格式创建一个该类的实体，来管理该文件格式。

GDALDriverManager 类：文件格式驱动管理类，用来管理 GDALDriver 类。

2. OGR 类库

OGR 是开源 C++的一个简单要素库，带有命令行工具，提供对各种矢量文件格式的读写功能。支持文件格式包括 ESRI 公司的 shp 格式，S-57，SDTS，PostGIS，Oracle 空间数据库，以及 Mapinfo 公司的 mid/mif、TAB 格式。OGR 是 GDAL 库的一部分。

3. Proj. 4 类库

Proj. 4 是开源 GIS 最著名的地图投影库，许多 GIS 开源软件的投影都直接使用 Proj. 4 的库文件。该项目遵循 MITLicense，用 C 语言编写，由 USGS 的 GeraldI. Evenden 在 20 世纪 80 年代创立并一直维护到退休，后由 Frank Warmerdam 接管。Frank Warmerdam 现任 OSGeo 主席，于 2008 年 5 月把 Proj. 4 纳入成为 MetaCRS 的一部分。Proj. 4 的主页（http：//trac. osgeo. org/proj/）现亦进入 OSGeo，并提供 Win32 下的预编译文件直接使用，Linux 下也有。

Proj. 4 的功能主要有经纬度坐标与地理坐标的转换，坐标系的转换，包括基准变换等，下面以命令行方式和编程方式来说明经纬度坐标与地理坐标转换功能的使用。

先使用 cmake 生成 VS(2013 版本)工程：

```
cd build     #先进入 build 目录
#下面设置了安装目录和编译参数等
cmake -DCMAKE_INSTALL_PREFIX = D:/proj.4 -DBUILD_LIBPROJ_SHARED =
OFF -G"Visual Studio 12 Win64" ..
```

打开 VS2013 x64 本机命令行工具，然后进入 build 目录，执行下面命令：

```
msbuild ALL_BUILD.vcxproj /p:Configuration = "Release"
msbuild INSTALL.vcxproj /p:Configuration = "Release"
```

使用以下代码来对 Proj. 4 库做测试：

```
#include <stdio.h>
#include <stdlib.h>

#include "proj_api.h"

int main()
{
    //定义一个北京 54 的横轴墨卡托投影坐标系
    // +proj = lcc     投影类型:横轴墨卡托投影
    // +ellps = krass  椭球体
    // +lat_1 = 25n +lat_2 = 47n 纬度范围(标准纬线)
    // +lon_0 = 117e 中央经度为东经 117 度
    // +x_0 = 20500000   X 轴(东)方向偏移量
    // +y_0 = 0          Y 轴(北)方向偏移量
    // +units = m        单位
```

```
    // +k = 1.0            比率

    const char * beijing1954 = "+proj = lcc +ellps = krass +lat_1 = 25n
+lat_2 = 47n +lon_0 = 117e +x_0 = 20500000 +y_0 = 0 +units = m +k = 1.0";
        //如果你想转换到 WGS-84 基准
        //"+towgs84 = 22,-118,30.5,0,0,0,0"


projPJ pj;    //坐标系对象指针
    //初始化坐标系对象
    if (! (pj = pj_init_plus(beijing1954))){
        exit(-1);    //初始化失败,退出程序
        }


    //待转换的坐标(投影坐标)
        //注意坐标系定义中的+x_0 = 20500000,坐标值应该也是带有带号的
    projUV parr[4] = {
        {20634500.0,4660000.0},
        {20635000.0,4661000.0},
        {20635500.0,4659000.0},
        {20634000.0,4662000.0}
    };


    printf("DEG_TO_RAD = % f    (1 度 = % f 弧度) \n",DEG_TO_RAD,DEG_TO_
RAD);


    //逐点转换
    for(int i = 0; i<4; i++)
    {
        printf(" \n-------------转换第% d 点------------- \n",i+1);
        projUV p;

        p = pj_inv(parr[i],pj); //投影逆变换(投影坐标转经纬度坐标)
        printf("北京 54 投影    坐标:% 10lf,% 10lf \n",parr[i].u,parr
[i].v);
        printf("北京 54 经纬度坐标:% 10lf,% 10lf \n",p.u/DEG_TO_RAD,
p.v/DEG_TO_RAD);    //输出的时候,将弧度转换为度


        p = pj_fwd(p,pj);            //投影正变换(经纬度坐标转投影坐标)
```

```
        printf("北京 54 投影   坐标:%101f,%101f\n",p.u,p.v);
    }


    //释放投影对象内存
    pj_free(pj);
    return 0;
}
```

4. GeoAPI 类库

GeoAPI 类库是为 OGC/ISO 标准提供的一组 Java 应用程序接口，GeoAPI 只是一种抽象，而不是具体实现。GeoAPI 提供了一种分离机制，这种机制可以将实现 GeoAPI 的代码与调用 GeoAPI 的代码分离开。这就好比 JDBCAPI 一样，客户端一般仅仅关心 JDBC 提供的接口，而不关心具体厂商的具体实现。下面是实现 GeoAPI 的一些开源项目：Geotoolkit. orgversion3. 18orabove （ GeoAPI3. 0implementation ）； GeoToolsversion2. 7orbefore（GeoAPI2. ximplementation）；GeOxygene（implementationofgeometry）、JScience。

5. JavaTopologySuite 类库

JTS 是 Java 的处理地理数据的 API，它提供以下功能：①实现了 OGC 关于简单要素 SQL 查询规范定义的空间数据模型；②一个完整的、一致的、基本的二维空间算法的实现，包括二元运算（如 touch 和 overlap）和空间分析方法（如 intersection 和 buffer）；③一个显示的精确模型，用算法优雅地解决导致（dimensionalcollapse）的情况。④实现了关键计算几何操作；⑤提供著名文本格式的 I/O 接口。

JavaTopologySuite 从根本上而言其实并不是很复杂，它主要是完成了 Java 对几何对象、空间拓扑的核心操作算法。如果简单地认为它是一个类似于 java. utils. * 之类的开发包可能不能真正地体现它的意义，实际上它除了集成 java 对几何对象（点、线、面等）的对象管理外，更大一部分工作是在完成对各种几何对象的 buffer、analyze 以及空间索引。它尽可能实现了 OpenGISSimpleFeaturesSpecification 规范，所以在与 GIS 相关的开源世界里如 GeoTools、uDig 等，JavaTopologySuite 都得到了大量的应用，甚至可以说没有 JavaTopologySuite 的话，GeoTools 等的实现会很复杂。

6. GeoTools 类库

GeoTools 是 Java 语言编写的开源 GIS 工具包。该项目已有十多年历史，生命力旺盛，代码非常丰富，包含多个开源 GIS 项目，并且基于标准的 GIS 接口。GeoTools 主要提供各种 GIS 算法，各种数据格式的读写和显示。在显示方面要差一些，只是用 Swing 实现了地图的简单查看和操作。但是用户可以根据 GeoTools 提供的算法自己实现地图的可视化。OpenJump 和 uDig 就是基于 GeoTools 的。

GeoTools 用到的两个较重要的开源 GIS 工具包是 JTS 和 GeoAPI。前者主要是实现各种 GIS 拓扑算法，也是基于 GeoAPI 的。但是由于两个工具包的 GeoAPI 分别采用不同的 Java 代码实现，所以在使用时需要相互转化。GeoTools 可根据这两个工具包定义用户的 GeoAPI，所以代码显得臃肿，有时容易混淆。另外，GeoTools 现在还只是基于 2D 图形的，缺乏对 3D 空间数据算法和显示的支持。

7. SharpMap 类库

SharpMap 是一个基于 . NET2. 0 使用 C#开发的 Map 渲染类库，可以渲染各类 GIS 数据（目前支持 ESRIShapefile 和 PostGIS 格式），可应用于桌面和 Web 程序。

它的优点有：①占用资源较少，响应比较快。对于只需要简单的地图功能的项目，是一个比较好的选择；②它是基于 . NET2. 0 环境开发的，对于 . NET 环境支持效果较好；③使用简单，只要在 . NET 项目中引用相应的 DLL 文件即可，没有复杂的安装步骤。

目前，支持 B/S 及 C/S 两种方式的 DLL 调用，支持地图渲染效果，现有的版本为 0. 9 及 2. 0Beta1，SharpMap 的发布许可（License）为 GNUGeneralPublicLicense，开发者为 MortenNielsen。稳定版本为 0. 8(9. 0beta 已发布)，代码行数近 10000 行。

支持的数据格式：PostgreSQL/PostGIS，ESRIShapefile、支持 WMSlayers、支持 ECW 和 JPEG2000 栅格数据格式、WindowsForms 控件，可以移动和缩放。

可扩展的功能：通过 HttpHandler 支持 ASP. NET 程序；可通过 DataProviders（增加数据类型支持）、LayerTypes（增加层类型）和 GeometryTypes 等扩展支持点、线、多边形、多点、多线和多边形等几何类型；几何集合（GeometryCollections）等；图形使用 GDI+，支持 anti-aliased 专题图等。

可以看出，SharpMap 目前可以算是一个实现了最基本功能的 GIS 系统，包括一些常用的功能，如投影、比例尺、空间分析、图形的属性信息、查询检索等。

8. GNU R 类库

R 是用于统计分析、绘图的语言和操作环境。R 是属于 GNU 系统的一个自由、免费、源代码开放的软件，它是一个用于统计计算和统计制图的优秀工具。

R 作为一种统计分析软件，是集统计分析与图形显示于一体的。它可以运行于 UNIX、Windows 和 Macintosh 等操作系统中，而且嵌入了一个非常方便实用的帮助系统，相比于其他统计分析软件，R 还有以下特点：

①R 是自由软件。这意味着它是完全免费、开放源代码的。可以在它的网站及其镜像中下载任何有关的安装程序、源代码、程序包及其源代码、文档资料。标准的安装文件自身就带有许多模块和内嵌统计函数，安装好以后可以直接实现许多常用的统计功能。

②R 是一种可编程的语言。作为一个开放的统计编程环境，R 语言语法通俗易懂，很容易学会和掌握。而且学会之后，用户可以编制自己的函数来扩展现有的语言。这也就是为什么它的更新速度比一般统计软件如 SPSS、SAS 等快得多的原因。大多数最新的统计方法和技术都可以在 R 中直接得到。

③所有 R 的函数和数据集都是保存在程序包里面。只有当一个包被载入时，它的内容才可以被访问。一些常用、基本的程序包已经被收入了标准安装文件中，随着新的统计分析方法的出现，标准安装文件中所包含的程序包也随着版本的更新而不断变化。在一些版本的安装文件中，已经包含的程序包有：Base 为 R 的基础模块，Mle 为极大似然估计模块，Ts 为时间序列分析模块，Mva 为多元统计分析模块，Survival 为生存分析模块等。

④R 具有很强的互动性。除了图形输出是在另外的窗口处，它的输入输出窗口都是在

同一个窗口中进行的，输入语法中如果出现错误会马上在窗口中得到提示，对以前输入过的命令有记忆功能，可以随时再现、编辑修改以满足用户的需要。输出的图形可以直接保存为 JPG、BMP、PNG 等图片格式，还可以直接保存为 PDF 文件。另外，和其他编程语言和数据库之间有很好的接口。

⑤如果加入 R 的帮助邮件列表，每天都可能会收到几十份关于 R 的邮件资讯。可以和全球一流的统计计算方面的专家讨论各种问题，可以说是全世界最大、最前沿的统计学家思维的聚集地。

R 是基于 S 语言的一个 GNU 项目，所以也可以当作 S 语言的一种实现，通常用 S 语言编写的代码都可以不作修改地在 R 环境下运行。R 的语法是来自 Scheme。R 的使用与 S-PLUS 有很多类似之处，这两种语言有一定的兼容性。S-PLUS 的使用手册，只要稍加修改就可作为 R 的使用手册。所以有人说：R，是 S-PLUS 的一个"克隆"。

1.4 本章小结

本章系统地总结了开源 GIS 的定义、特点、作用以及其在国内外的发展，并对 OpenGIS 的相关技术——开放 GIS 数据、开放 GIS 软件、开放 GIS 地图 API 以及 OpenGIS 类库等进行详细阐述。GIS 技术的发展趋势是开放和互操作，包括体系结构的开放、数据模型的开放以及开发者思想观念的开放。开源 GIS 作为 GIS 研究的新热点，其趋势必将是集开放、集成、标准和互操作为一体，从软件向服务(Service Oriented Architecture, SOA)转变的方向发展。通过开源 GIS 项目建设，可以减少 GIS 软件的开发周期，降低软件开发成本，提高软件开发效率，同时可以降低 GIS 平台软件使用成本，促进 GIS 社会化和大众化。随着开源 GIS 项目越来越成熟，并且取得越来越多的应用，开源 GIS 软件目前已经形成了一个比较齐全的产品线，而且在一些特定的功能方面优于商业 GIS 平台软件。尽管开源 GIS 软件在稳定性、实用性和功能全面性方面存在欠缺，但是其免费和开放的优势使得其成为独特的创新性发源地，越来越多的企业、科研机构和非政府组织投入到开源 GIS 软件的研究、开发和应用推广中，开源 GIS 软件将成为理论教学、科学研究、中小企业 GIS 应用的一个最好选择，从而也将会有更好的发展。

第 2 章　OpenGIS 软件简介

本章主要介绍当前行业内使用比较广泛的 OpenGIS 软件。OpenGIS 软件可以分为 OpenGIS 开源桌面端、OpenGIS 服务器端、OpenGIS 组件、OpenGIS 空间数据库和 OpenGIS 前端。

OpenGIS 开源桌面端主要包括：GRASS、UDIG、OSSIM、QGIS、MapWindows、gvSIG、Kosmo、JUMP/JCS、SAGA、ILWIS、SharpMap 等；

OpenGIS 服务器端主要包括：MapServer、GeoServer、deegree、GeoDjango、Mapnik、geomajas、GeoMOOSE、mapbender3、MapFish、MapGuide、MapBuilder、Nanocubes 等；

OpenGIS 组件主要包括：基于微软 COM 技术倡导研发的 GDAL/OGR 库、Proj4、OpenMap、GEOS、NTS、JTS 等；

OpenGIS 空间数据库主要包括：PostGIS based on PostgreSQL、Spatialite based on SQLite、mySQL、mongoDB 等；

OpenGIS 前端主要包括：Leaflet、OpenLayer3、openstreetmap、three. js、cesium. js、D3. js、Echarts、geomajas-client javascript、d3-carto-map、turf. js、Polymaps、jVectorMap 等。

下面主要介绍 QGIS、PostgreSQL、PostGIS 以及进行 QGIS 二次开发需要使用的 QT 语言。

2.1　QGIS

这一部分介绍开源 GIS 软件——QGIS。QGIS 是免费和开源软件(FOSS)社区中最好的 GIS 工具。QGIS 于 2002 年 5 月成立，并于同年 6 月成为 SourceForge 项目。QGIS 目前在大多数 Unix 平台，Windows 和 OS X 上运行。QGIS 是使用 Qt 工具包(https：// www. Qt. io)和 C++开发的，这意味着 QGIS 有很好的扩展性和灵活性，并且拥有令人愉悦的易于使用的图形用户界面(GUI)。本章首先带领读者简单了解 QGIS 这个开源软件；然后介绍 QGIS 的框架，并对 QGIS 的一些核心功能进行介绍和展示；接着介绍 QGIS 在多平台下编译的原理和操作。

2.1.1　QGIS 简介

QGIS(原称 Quantum GIS)是一个开源的用户界面友好、跨平台、基于 Qt，使用 C++开发的一个用户界面友好、跨平台的开源版桌面地理信息系统。可运行在 Linux、Unix、Mac OS X 和 Windows 等平台之上。QGIS 由 Gary Sherman 于 2002 年 5 月开始开发，并于 2004

年成为开源地理空间基金会的一个孵化项目。版本 1.0 于 2009 年 1 月发布。项目基于跨平台的图形工具 Qt 软件包，采用 C++ 语言开发。目前对其开发非常活跃，当前（2017年）的最新版本是 QGIS 2.18 版。QGIS 源码采用 GNU General Public License 协议对外发布。相较于商业 GIS 软件如 ArcGIS、MapGIS 等，QGIS 软件体积更小，需要的内存和处理能力也更少。因此，它可以在旧的硬件上或 CPU 运算能力被限制的环境下运行。但是与专业的 GIS 平台相比，QGIS 虽然功能算不上强大，好多模块还有 Bug，但处理一些小数据，画几幅简单的地图倒也是绰绰有余，而且是免费和开源的，对于 GIS 的初学者来说是一个不错的选择。

QGIS 旨在成为一个用户友好的 GIS，提供常见的 GIS 软件的基本功能。该项目的初始目标是提供一个 GIS 数据查看器。随着开源 GIS 的发展，QGIS 慢慢被许多人使用，用于查看和处理简单的 GIS 数据，QGIS 支持一些光栅和矢量数据格式，也支持使用插件架构轻松添加新的格式。目前，QGIS 被志愿者开发团体持续维护，已被翻译为 31 种语言，广泛使用在全世界的学术和专业环境中。

QGIS 软件的主要特点有：

（1）支持多种 GIS 数据文件格式

通过 GDAL/OGR 扩展可以支持多达几十种数据格式。其中，栅格数据文件格式包括：ArcInfo 的 ASCII Grid 和 Binary Grid 文件、GRASS 的栅格文件（通过插件支持）、TIFF/GeoTIFF 文件、Erdas Image 文件、JPEG 文件、USGS SDTS DEM 文件、USGS ASCII DEM 文件；矢量数据文件格式包括：ArcInfo 的 Coverage 文件、ESRI 的 shp 文件、MapInfo 的 mid 文件、SDTS 文件。

（2）支持 PostGIS 数据库

QGIS 可以将 Shapefile 导入 PostgreSQL，这样比在 cmd 里输入代码要方便多了，QGIS 还可以直接打开一个 PostGIS 图层，用户可以检查 shp 导入是否完整正确，也可以直接编辑保存，并且可另存为一个 Shapefile，这样就可以完全用 QGIS 来处理 Shapefile 在 PostGIS 里的导入、导出和编辑。

（3）支持从 WMS、WFS 服务器中获取数据

QGIS 作为客户端，它可以封装 WMS 请求，在浏览器上实现地图的切片载入功能。另外，拖动、缩放的功能也非常完善，可以实现跨浏览器操作。

（4）集成了 GRASS 的部分功能

QGIS 能够直接读取 GRASS 数据库，但需要有合适的插件。GRASS 栅格数据在 QGIS 中通过已经提到的 GDAL 来连接。此外，所有 OGR 支持的矢量和 GDAL 支持的栅格都可以在 QGIS 中读取。因此，当前 GRASS 区域中的所有数据都可以在 QGIS 中显示和编辑。为了将所有 GRASS 相关的变量传给 QGIS，需要在正在运行的 GRASS 会话中启动 QGIS。

（5）支持对 GIS 数据的基本操作

支持属性的编辑修改等；除了显示地理数据，QGIS 也提供了矢量数据的编辑功能。使用 GRASS 插件，它们能够直接处理 GRASS 数据。此外，它还能够处理和创建新的

Shapefile。

（6）支持创建地图

支持用户建立属于自己的地图，包括各种专题地图。

（7）通过插件的形式支持功能的扩展

QGIS 目前主要支持 Python 形式的插件，文档较为丰富，可用的插件也非常多。

2.1.2　QGIS 的核心功能

QGIS 提供了许多通用的核心功能和插件提供的 GIS 功能。下面介绍 6 个一般类别功能和插件。QGIS 主要核心功能包括：查看数据，搜索数据和制作地图，创建、编辑、管理和导出数据，分析数据，在互联网上发布地图，通过插件扩展 QGIS 功能等。

（1）查看数据

用户可以在不转换为内部或通用格式的情况下以不同的格式和投影方式查看和覆盖矢量和栅格数据。支持的格式包括：使用 PostGIS、SpatiaLite 和 MS SQL Spatial、Oracle Spatial，由安装的 OGR 库支持的矢量格式的空间启用表和视图，包括 ESRI shapefile、MapInfo、SDTS、GML 等；已安装的 GDAL（地理空间数据抽象库）库支持的栅格和图像格式，如 GeoTIFF、ERDAS IMG、ArcInfo ASCII GRID、JPEG、PNG 等；GRASS 栅格数据和来自 GRASS 数据库的矢量数据（位置/地图集）；在线空间数据作为 OGC Web 服务，包括 WMS、WMTS、WCS、WFS 和 WFS-T。

（2）搜索数据和制图

用户可以使用友好的 GUI 编写地图和搜索空间数据。GUI 中提供的许多有用工具包括：QGIS 浏览器、即时重播、数据库管理器、地图制作、概述面板、空间书签、注释工具、识别/选择功能、编辑/查看/搜索属性、数据定义功能标签、数据定义矢量和栅格符号系统工具、阿特拉斯地图组成与刻度层、指北针比例尺以及地图的版权等标签、支持保存和恢复项目等。

（3）创建、编辑、管理和导出数据

可以以多种格式创建、编辑、管理和导出矢量和栅格图层。QGIS 提供以下内容：

①用于支持 OGR 的格式和 GRASS 矢量图层的数字化工具；

②能够创建和编辑 shapefile 和 GRASS 矢量图层；

③利用 Georeferencer 插件对图像进行地理编码；

④GPS 工具导入和导出 GPX 格式，并将其他 GPS 格式转换为 GPX 下载/直接上传到 GPS 单元（在 Linux 上，usb：已添加到 GPS 设备列表中）；

⑤支持可视化和编辑 OpenStreetMap 数据；

⑥能够使用 DB Manager 插件从 shape 文件创建空间数据库表；

⑦改进空间数据库表的处理；

⑧用于管理向量属性表的工具；

⑨将屏幕截图保存为地理参考图像的选项；

⑩DXF 导出工具具有增强的导出样式和插件功能，可执行类似 CAD 的功能。

（4）数据分析

用户可以对空间数据库和其他支持 OGR 的格式执行空间数据分析。QGIS 目前提供矢量分析、采样、地理处理、几何和数据库管理工具。用户还可以使用集成的 GRASS 工具，其中包括 400 多个模块的完整 GRASS 功能。或者用户可以使用处理插件，它提供了一个强大的地理空间分析框架来调用 QGIS 的本机和第三方算法，如 GDAL、SAGA、GRASS、fTools 等。

（5）发布地图

QGIS 可用作 WMS、WMTS、WMS-C 或 WFS 和 WFS-T 客户端，也可用作 WMS、WCS 或 WFS 服务器。此外，可以使用安装了 UMN MapServer 或 GeoServer 的 Web 服务器在 Internet 上发布数据。

（6）扩展 QGIS 功能

QGIS 可以通过可扩展的插件架构和可用于创建插件的库来适应用户的特殊需求。用户甚至可以使用 C++或 Python 创建新的应用程序。插件分为核心插件和外部插件。

核心插件包括：

- 坐标捕获（捕获不同 CRS 中的鼠标坐标）；
- 数据库管理器（从/到数据库的 Exchange，编辑和查看层和表；执行 SQL 查询）；
- Dxf2Shp 转换器（将 DXF 文件转换为 shapefile）；
- eVIS（可视化事件）；
- fTools（分析和管理矢量数据）；
- GDALTools（将 GDAL 工具集成到 QGIS 中）；
- 地理参考 GDAL（使用 GDAL 向栅格添加投影信息）；
- GPS 工具（加载和导入 GPS 数据）；
- GRASS（集成 GRASS GIS）；
- Heatmap（从点数据生成栅格散热图）；
- 插值插件（基于向量层顶点插值）；
- Metasearch 目录客户端；
- 离线编辑（允许离线编辑和与数据库同步）；
- Oracle Spatial GeoRaster；
- 栅格地形分析（分析基于栅格的地形）；
- 路图插件（分析最短路径网络）；
- 空间查询插件；
- 拓扑检查器（查找矢量图中的拓扑错误）；
- 区域统计插件（计算矢量图的每个多边形的光栅的计数，总和和平均值）。

关于外部 Python 插件，QGIS 提供越来越多的外部 Python 插件，由社区提供。这些插件驻留在官方的 Plugins Repository 中，可以使用 Python Plugin Installer 轻松安装。

2.1.3　QGIS 框架介绍

QGIS 是一个使用比较广泛的开源 GIS 软件，其支持的数据类型繁多，并且是一个免费的 GIS 软件。本部分将介绍该软件的框架和部分功能。当用户第一次打开 QGIS 软件的时候，会出现如图 2-1 所示的界面。

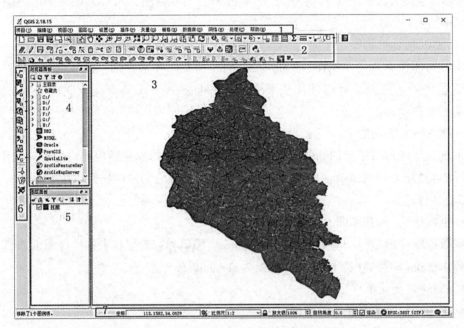

图 2-1　QGIS 主界面

①菜单栏：这些下拉菜单提供了以常规格式访问所有 QGIS 的功能；

②工具栏：菜单功能被分组成逻辑工具集并放置在工具栏为按钮，以为用户访问所有必要的工具时提供方便。默认的工具栏为：文件、导航、属性、数字化、帮助，也可以右键移除不必要的工具栏；

③地图区域：用于显示加载的地图；

④这些是可以停靠或者浮动的窗口，默认激活两个窗口；

⑤是可以停靠或者浮动的窗口；

⑥加载数据工具栏：该工具栏提供多种加载数据接口，有矢量、栅格、网络服务数据、数据库等多种数据；

⑦状态栏：显示地图比例尺、坐标或者处理功能执行状态。

2.1.4　QGIS 部分功能介绍

1. 制作地图

制作地图是 QGIS 的一个重要功能，该软件提供制图功能，可以添加地图基本要素，如指北针、网格、图名、图廓、比例尺等，然后输出地图，如图 2-2 所示。

图 2-2　QGIS 制作界面

2. 导入数据

QGIS 支持多种数据格式，在左侧的工具栏中，点击相关的按钮可以导入对应的数据，如矢量数据、栅格数据、WMS 服务、WFS 服务、数据库数据等多种数据，导入数据如图 2-3 所示。

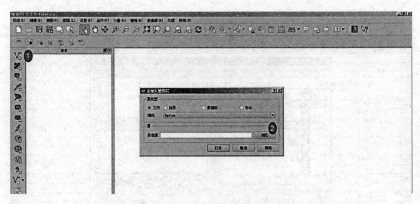

图 2-3　导入数据

3. 符号化显示

QGIS 支持多种符号化显示，可以显示出多种美观的地图符号。如单一符号可以改变样式、颜色、大小、透明度；分类符号可以以不同形式显示不同要素；渐变符号等，显示效果如图 2-4 所示。

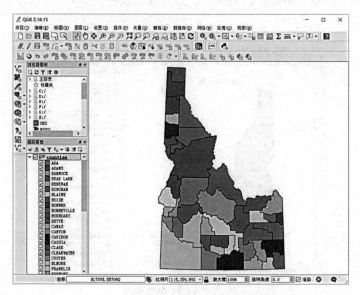

图 2-4 符号化显示

4. 选择与查询

选择与查询是 GIS 软件中重要的一个功能，通过几何选择或者鼠标点击选择对象，然后查询其属性。查询是基础功能，在很多操作图统计、空间分析中都会用到查询功能。QGIS 选择和查询功能如图 2-5 所示。

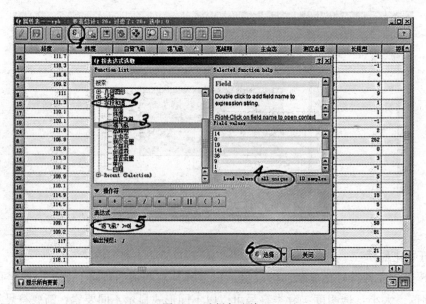

图 2-5 选择与查询

5. 地图标注

对于地图上未知属性或名称的要素，可以对其进行地图标注，如百度地图中就有地图标注这一功能，或者将地图要素的属性显示到要素之上。QGIS 中地图标注功能如图 2-6 所示。

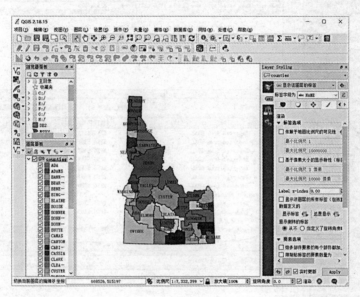

图 2-6　地图标注

6. 显示 Google 地图

在 QGIS 中安装 openlayerplugin 就可以加载一些开源的地图服务，如 Google 影像地图和道路数据等，如图 2-7 所示。

图 2-7　显示 Google 地图

7. 坐标参考系

同 ESRI 的 ArcGIS 软件一样，QGIS 同样支持地理参考坐标的转换，用户可以自定义投影坐标系、设置项目的参考系统等，如图 2-8 所示。

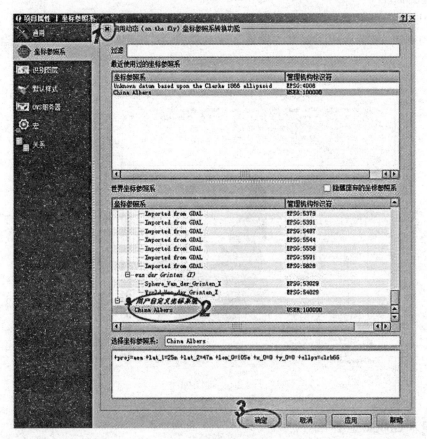

图 2-8　参考坐标系

2.2　Qt

Qt 是一个跨平台应用程序和 UI 开发框架。使用 Qt 用户只需一次性开发应用程序，无须重新编写源代码，便可跨不同桌面和嵌入式操作系统部署这些应用程序。

2.2.1　Qt 基本模块框架

Qt 基本模块中定义了适用于所有平台的 Qt 基础功能，在大多数 Qt 应用程序中需要使用该模块提供的功能。Qt 基本模块的底层是 QtCore 模块，其他所有模块都依赖于该模块，这也是为什么我们总可以在 .pro 文件中看到"QT+＝core"的原因了。整个基本模块的框架如图 2-9 所示。

最底层的是 QtCore，它提供了元对象系统、对象树、信号槽、线程、输入输出、资源系统、容器、动画框架、JSON 支持、状态机框架、插件系统、事件系统等所有基础功能。该模块的重要性不言而喻。在其之上，直接依赖于 QtCore 的是 QtTest、QtSql、QtNetwork

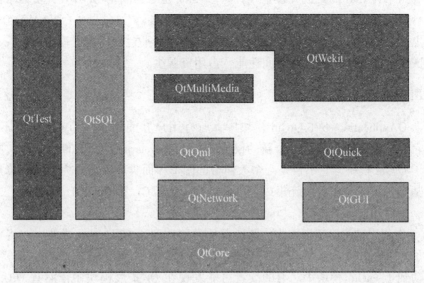

图 2-9   Qt 框架

和 QtGUI 四个模块，其中测试模块 QtTest 和数据库模块 QtSql 是相对独立的，而更加重要的是网络模块 QtNetwork 和图形模块 QtGui，在它们两个之上便是 Qt5 的重要更新部分 QtQml 和 QtQuick。而最上层的是新添加的 QtMultiMedia 多媒体模块和在其之上的 QtWebKit 模块。

对于整个框架，大家可以理解为下层模块为上层模块提供支持，或者说上层模块包含下层模块的功能。例如，QtWebKit 模块，它既有的图形界面部件也支持网络功能，还支持多媒体应用。对于其他模块，我们这里就不再深入介绍，下面主要来讲解一下其中最重要的 QtGui 模块。

2.2.2   Qt 的功能与优势

直观的 C++ 类库：模块化 Qt C++类库提供一套丰富的应用程序生成块（block），包含了构建高级跨平台应用程序所需的全部功能。具有直观、易学、易用，生成好理解、易维护的代码等特点。

跨桌面和嵌入式操作系统的移植性：使用 Qt，只需一次性开发应用程序，就可跨不同桌面和嵌入式操作系统进行部署，而无须重新编写源代码，可以说 Qt 无处不在（QtEverywhere）。Qt 应用广泛主要有以下原因：

①使用单一的源代码库定位多个操作系统；

②通过重新利用代码可将代码跨设备进行部署；

③无须考虑平台，可重新分配开发资源；

④代码不因平台更改而受影响；

⑤使开发人员专注于构建软件的核心价值，而不是维护 API。

⑥具有跨平台 IDE 的集成开发工具：Qt Creator 是专为满足 Qt 开发人员需求而量身定制的跨平台集成开发环境（IDE）。Qt Creator 可在 Windows、Linux/X11 和 Mac OS X 桌面操作系统上运行，供开发人员针对多个桌面和移动设备平台创建应用程序。

⑦在嵌入式系统上的高运行时间性能，占用资源少。

2.2.3　图形界面库框架

实际上 QApplication 不在 QtGui 模块中，所有用户界面的基类 QWidget 也不在 QtGui 模块中，它们被重新组合到了一个新的模块——QtWidgets 中。Qt 5 的一个重大更改就是重新定义了 QtGui 模块，它不再是一个大而全的图形界面类库，而是为 GUI 图形用户界面组件提供基类，包括了窗口系统集成、事件处理、OpenGL 和 OpenGL ES 集成、2D 绘图、基本图像、字体和文本等内容。

在 Qt 5 中将以前 QtGui 模块中的图形部件类移动到了 QtWidgets 模块中，将打印相关类移动到了 Qt Print Support 模块中。不过，Qt 5 中去掉了 QtOpenGL 模块，而将 OpenGL 相关类移动到了 QtGui 模块中。有的读者可能发现在 Qt 扩展模块中依然有 QtOpenGL 模块，其实它只是为了便于 Qt 4 向 Qt 5 移植才保留的，在编写 Qt 5 程序时依然强烈推荐使用 QtGui 模块中的 OpenGL 类。了解了图形库的大体更改，下面我们来看一下 Qt 图形界面库的整体框架。如图 2-10 所示。

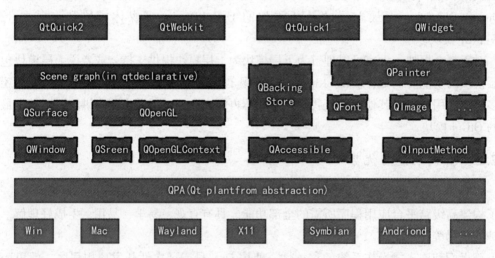

图 2-10　图形界面框架

在各种支持的平台之上是底层的平台抽象层 QPA，这个就是被称作 LightHouse 的灯塔项目，它是 Qt 可以无处不在的基础。而在其上的所有虚线边框都是 QtGui 模块的内容，它们被分为了两类，一类以 OpenGL 为核心，它是现在最新的 QtQuick2 和 QtWebkit 的基础；一类是以辅助访问和输入方式为基础的一般图形显示类，它们是经典 QWidget 部件类和 QtQuick1 的基础。

2.2.4　Qt 所支持的平台

1. 嵌入式 Linux（Embedded Linux）

Qt for Embedded Linux ®是用于嵌入式 Linux 所支持设备的领先应用程序架构。用户可以使用 Qt 创建具有独特用户体验的具备高效内存效率的设备和应用程序。Qt 可以在任何支持 Linux 的平台上运行。Qt 的直观 API，只需少数几行代码便可以在更短的时间内实现更高端的功能。

2. Mac 平台

Qt 包括一套集成的开发工具，可加快在 Mac 平台上的开发。在编写 Qt 时，并不需要去设想底层处理器的数字表示法、字节序或架构。要在 Apple 平台上支持 Intel 硬件，Qt 客户只需重新编辑其应用程序即可。

3. Windows 平台

使用 Qt，只需一次性构建应用程序，无须重新编写源代码，便可跨多个 Windows 操作系统的版本进行部署。Qt 应用程序支持 WindowsVista、Server 2003、XP、NT4、Me/98 和 Windows CE。

4. Linux/X11 平台

Qt 包括一套集成的开发工具，可加快在 X11 平台上的开发。Qt 由于是 KDE 桌面环境的基础，在各个 Linux 社区人尽皆知。几乎 KDE 中的所有功能都是基于 Qt 开发的，而且 Qt 是全球社区成员用来开发成千上万的开源 KDE 应用程序的基础。

5. Windows CE/Mobile

Qt 是用 C++开发的应用程序和用户界面框架。通过直观的 API，用户可以使用 Qt 为大量的设备编写功能丰富的高性能应用程序。Qt 包括一套丰富的工具集与直观的 API，意味着只需少数几行代码便可以在更短的时间里实现更高端的功能。

6. 塞班平台（Symbian）

Qt 通过与 S60 框架的集成为 Symbian 平台提供支持。在最新版的 QtSDK 1.1 中我们可以直接生成能在塞班设备上运行的 sis 文件。

7. MeeGo 平台（Maemo 6 现更名为 MeeGo）

Qt 是一个功能全面的应用程序和用户界面框架，用来开发 Maemo 应用程序，也可跨各主要设备和桌面操作系统部署这些程序且无需重新编写源代码的。如果用户在多数情况下开发适用于 Symbian、Maemo 或 MeeGo 平台的应用程序，可以使用免费 LGPL 授权方式的 Qt。

2.2.5　基于 Qt 开发的产品

①3D Slicer：是一个基于 VTK 的开源的可视化和医学影像计算的软件；

②ParaView：也是一个基于 VTK 的数据可视化的工具软件，在流体力学、空气动力学、生物医学、统计学等有数据可视化需求的领域中发挥重要的作用；

③Google Earth：Google 开发的一款三维虚拟地图软件；

④Opera：著名的网页浏览器，在欧洲的市场占有率很高；

⑤Qt Creator：是由诺基亚开发的一个可以跨平台的集成 IDE；

⑥Skype：一个基于 P2P 的 VOIP 聊天软件；

⑦VirtualBox：Oracle 开发的虚拟机软件；

⑧YY 语音：是一个可以进行在线多人语音聊天和语音会议的免费软件，在中国拥有庞大的用户群；

⑨咪咕音乐：是中国移动倾力打造的正版音乐播放器；

⑩WPS Office：金山公司(Kingsoft)出品的办公软件，与微软 Office 兼容性良好。

2.2.6　Qt 编程的工作流程

开发流程的解析：假设用 QDesigner 设计一个 X. UI 窗口，之后就需要使用 uic 来进行编译，生成对应的 .h 文件。另外一个自定义的类型 ClsA 使用了 Q_Object 宏，进而可以使用 QT 的信号、槽机制，或者不使用 QTDesigner 派生出新的 QT UI 类，全用编码实现。Desinger 生成的 ui 类可能产生一些自定义的信号和槽，这些函数的实现通常是放在另外一个 cpp 文件中的，可以在另外的 IDE 或者文本编辑器中编辑。

2.2.7　HelloQt

在 VS2010 中新建一个 Qt Project，注意项目路径名中不要含有中文字符，不然程序运行会报错。当然，还需要在"项目属性"→"VC++"目录中将 Qt 的包含目录和库目录添加进来。

```
#include <QLabel>
#include <QApplication>
int main(intargc,char *argv[])
{
QApplication app(argc,argv);
QLabel *label=new QLabel("<h2><i>Hello</i>""<font color=red>Qt
</font></h2>");
    label→show();
    return app.exec();
}
```

运行结果如图 2-11 所示。

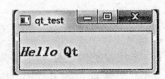

图 2-11　Hello Qt 运行结果

2.3 PostgreSQL

2.3.1 概述

PostgreSQL 是一个开源的、社区驱动的、符合标准的对象-关系型数据库管理系统，它不仅支持关系数据库的各种功能，而且还具备类、继承等对象数据库的特征。它具有强大的功能、复杂的结构以及丰富的特性。有些功能特性甚至连商业 DBMS 都没有。它曾是加州大学伯克利分校的一个数据库研究计划，而今却已成为数据库产品中的领导者，不但被人们所熟识，还拥有一些忠实的用户群。

PostgreSQL 在性能上丝毫不逊于任何的大型商业数据库产品，并且它还提供了非常丰富的接口库，用于满足用户不同需求的开发。它能够完美地支持 SQL 标准，并拥有如异步复制，预写日志容错技术以及多版本等众多的功能。而且，在大数据背景下的今天，PostgreSQL 对于大数据的管理已表现出了自己的特点。同时，PostgreSQL 支持地理空间数据的管理。PostgreSQL 中已经定义了一些基本的几何类型，例如：点（Point）、线（Line）、线段（Lseg）、方形（Box）、路径（Path）、多边形（Polygon）和圆（Circle）；另外，PostgreSQL 定义了一系列的函数和操作符来实现几何类型的操作和运算。同时，PostgreSQL 引入空间数据索引 R-tree。

1. PostgreSQL 的系统目录

默认情况下，PostgreSQL 中的数据文件将被存放于指定 PGDATA 的 data 目录里。

Data 文件夹里所保存的是数据集簇的配置文件与一些其他的子目录：

PG-VERSION：它是用于存储 PostgreSQL 版本号的文件目录。例如，安装的为 PostgreSQL9.2 版本，则文件中所记录的即为 9.2。

postmaster.opts：它是指服务器前一次启动时使用过的参数文件，如

E：/PostgreSQL/9.2/bin/postgres.exe "-D" "E：/PostgreSQL/9.2/data。

postmaster.pid：它是一个锁文件，是被用来记录当前守护进程 Postmaster 的进程号与共享内存段 id 的。但它并不是一个永久性文件，而是一个临时性的文件。例如，当关闭服务器以后，这个文件将被删除。

postgresql.conf：它是主要配置文件，除基于主机的访问控制和用户名映射之外的其他用户可设置参数都保存在这个文件中。

pg_hba.conf：它是是对于主机访问的控制文件；当用户访问主机时，它会将用户的认证信息保存起来。

pg_ident.conf：它是用户名的映射文件；这个映射文件，定义了 OS 的用户名与 PostgreSQL 用户名之间的对应关系，而这些用户名之间的对应关系将被 pg_hba.conf 用到。

base（目录）：它是一个包含了所有数据库的目录；数据库目录是以数据库的 OID 进行编号命名的，其中名为 1 的目录对应模板数据库 template1，同时它还对应着 pg_default 的这个表空间。

Global(目录)：它是一个全局表，用来保存所有集簇的共享信息。例如，pg_database 它就对应于 pg_golbal 这个表空间。

pg_clog(目录)：它是一个子目录；被用来保存事务提交以后的所有状态数据。

pg_log(目录)：包含 PostgreSQL 的日志文件，这个日志一般是记录服务器与数据库的状态，比如各种 Error 信息，定位慢查询 SQL，数据库的启动关闭信息，发生 checkpoint 过于频繁等的告警信息等。

pg_stat_tmp(目录)：它是一个用于统计子系统需要的所有临时文件的子目录。

pg_subtrans(目录)：它是一个子目录，用来储存子事务的所有状态的数据信息。

pg_tblspc(目录)：它是一个子目录，用于描述表空间符号的链接关系。这里的表空间是指用户自己创建的表空间。

pg_twophase(目录)：它是一个子目录，用于存储预备事务状态的文件信息。

pg_xlog(目录)：它是一个子目录，用于存储 WAL 的文件。

pg_notify(目录)：它是一个子目录，用于存储发往信息通道的异步消息。

pg_serial(目录)：此文件夹为空。

2. PostgreSQL 的系统结构与内存结构

PostgreSQL 中有两个进程，Postmaster 与 PostgresPostmaster 是守护进程而 Postgres 是服务进程。守护进程 Postmaster 是用于接收客户端信息的，并且在接收了客户端的信息之后，又为客户端与服务进程 Postgres 建立了链接。一旦客户连接一个服务进程 Postgres 后，客户将直接与服务进程交互不再通过守护进程。当 Postmaster 进程为用户的请求建立了一个监听的端口后，它将开启以下的辅助进程：系统日志进程 SysLogger、统计数据收集进程 PgStat、系统自动清理进程 AutoVacuum。当用户的请求需要进入循环模式时，守护进程 Postmaster 将会启动循环监听进程，并启动以下几个辅助进程：后台写进程 BgWriter、预写式日志进程 WalWriter、预写式日志归档进程 PgArch。服务进程 Postgres 才是真正接收用户请求的服务模块。它将直接接受用户的命令并对命令进行编译后执行，然后再返回结果给用户。用户的命令分为查询命令和非查询命令。查询命令，即插入、删除、更新和选择等命令；非查询命令，则是如创建或删除表、索引或视图等命令；Postgres 还可以根据用户的不同命令来进行处理策略的选择。

SysLogger：系统日志进程；它从守护进程 Postmaster 或是其他的后台进程及其子进程中的 stderr 进行输出，并将这些输出的数据信息写入到日志文件中。

PgStat：在 SysLogger 进程启动后，PgStat 进程也将开始启动。统计数据收集进程是用于创建与测试 UDP 端口的进程。它专门负责将数据库运行中的统计信息进行汇总，例如，在一个表或索引中进行了几次插入与更新的操作，磁盘块的数量和元组的数量，最近清理和分析表的时间以及用户自定义函数调用执行的时间等。

AutoVacuum：它是一个进程初始化的过程，它只完成了 AutoVacuum 启动选项和 track_counts 启动项的检查工作。

BgWriter(后台写进程)：它是一个将 PostgreSQL 后台中的脏页写到磁盘上的进程。为了减少查询处理时的堵塞，并增大缓冲区的空间，可以应用 BgWriter 进程来完成。它能定期地将缓冲区里的脏页写入磁盘中，这样基于可以减少堵塞的可能性，并为缓冲区开辟新的空间。

WalWriter：预写式日志 WAL(Writer Ahead Log，也称为 xlog)的中心思想就是对数据文件的修改只能发生在这些修改已经到日志之后，即先写日志再写数据。因为先写日志再写数据的特性，所以即便出现了数据库崩溃的情况，也可以通过预先写好的日志文件来进行数据库的恢复。

PgArch(预写式日志归档进程)：它可以使数据库恢复到已记录在案的任何时间点上。

2.3.2 框架

PostgreSQL 数据库系统环境由 3 个主要部分组成，如图 2-12 所示。同一个计算机上可以运行多个数据库服务器，每一个服务器有一个称为 Postmaster 的主进程。Postmaster 进程的主要任务是管理所有的数据库输入请求，为客户端与一个或多个数据库后端之间建立连接。对于任何的客户端请求，如果 Postmaster 确认该请求具有合法的访问权限，它就为该请求派生一个称为"PostgresBackend"的后端进程。每一个客户端连接请求都有唯一的 Postgres 进程，对数据库的任何操作都由客户端发起的。绝大多数客户端应用程序都是通

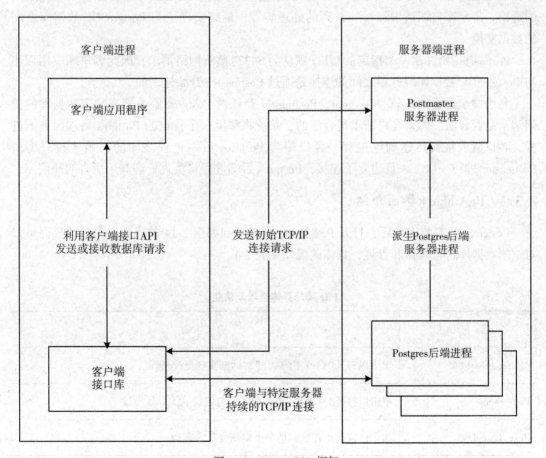

图 2-12　PostgreSQL 框架

过客户端接口库与后端 PostgreSQL 进行连接的。客户端接口库包含一组标准的应用程序编程接口，这些接口负责与 PostgreSQL 进行通信。虽然客户端应用程序也可以使用 TCP/IP 协议直接与 PostgreSQL 进行交互，但利用客户端接口库能更加便利地管理与服务器的连接。与 PostgreSQL 基本软件一起发布的客户端接口库有多种，最常用的一种称为 libpq；另外一种常用的接口是 ODBC，在开放源代码社区可以找到多种免费的 ODBC 驱动程序。

PostgreSQL 的体系结构是相当灵活的，它允许数据库管理员使用不同的技术同时管理运行在同一台计算机上的多个数据库。另外，每一个 PostgreSQL 安装实例都提供一组标准的配置文件，这组文件也符合 PostgreSQL 数据库格式，通常称为 template1。用户可以对该数据库进行修改，以适用于特定的服务器和特定的应用。这些配置信息也可以通过 createdb 程序复制到新的数据库中。

2.3.3 后端服务器

为客户端提供请求服务的后端服务器进程 Postgres，由多个部分组成，Postgres 后端服务器的处理过程如图 2-13 所示。各部分之间通过共享内存以及服务器资源实现彼此之间的通信。每个客户端请求经过一系列的处理步骤，最终实现了与 PostgreSQL 数据库之间的数据交换。

Postmaster 始终在一个指定的端口（默认为 5432）监听网络请求，因此客户端应用程序与 PostgreSQL 数据库服务器之间的连接是通过 Postmaster 开始建立的。

利用安全配置文件 ph_hba.conf，Postmaster 验证对 Postgres 服务器或特定数据库的访问请求是否合法。如果客户请求是合法的，系统将派生一个特定的 Postgres 后端服务器进程，客户请求将被传递到该进程。客户端与 Postgres 后端进程之间的初始连接只需由 Postmaster 进行一次。一旦建立了连接，Postgres 后端进程将负责处理其后所有的通信。

2.3.4 PgAdmin4 界面介绍

PostgreSQL 安装成功后，打开 PgAdmin4 可以看到如图 2-14 的界面，通过该界面可以对空间数据库进行操作和管理，具体的操作见表 2-1。

表 2-1   **File 菜单具体选项及功能**

选　项	功　能
Change Password...	单击以打开"更改密码..."对话框实现更改密码
Preferences	单击以打开"首选项"对话框实现自定义 pgAdmin 设置
Reset Layout	如果已修改工作区，请单击以恢复默认布局

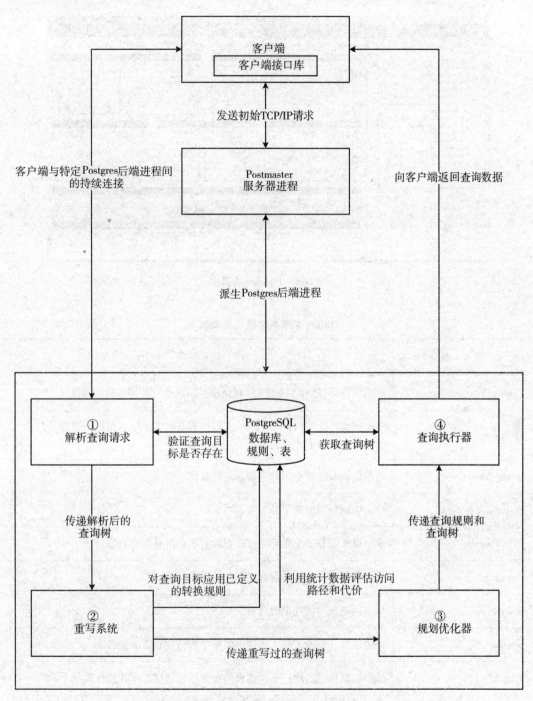

图 2-13　PostgreSQL 实现框架

表 2-2、表 2-3、表 2-4 分别介绍了 Object 菜单、Tools 菜单、Help 菜单的具体选项及功能。

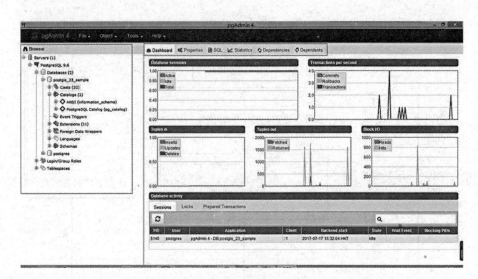

图 2-14　PgAdmin4 界面

表 2-2　　　　　　　　　　　　　　**Object 菜单具体选项及功能**

选　项	功　能
Connect Server...	单击以打开"连接到服务器"对话框，实现建立与服务器的连接
Create	单击创建以访问提供上下文相关选择的上下文菜单。用户的选择将打开一个创建对象的创建对话框
Delete/Drop	单击以从服务器中删除当前选定的对象
Disconnect Server...	单击以刷新当前选定的对象
Drop Cascade	单击以从服务器中删除当前选定的对象和所有依赖对象
Properties...	单击以查看或修改当前选定对象的属性
Refresh...	单击以刷新当前选定的对象
Scripts	单击以打开查询工具，从弹出菜单中编辑或查看所选脚本
Trigger(s)	单击以禁用或启用当前所选表的触发器，选项显示在弹出菜单上
Truncate	单击以从表(Truncate)中删除所有行或从表及其子表(Truncate Cascade)中删除所有行，选项显示在弹出菜单上
View Data	单击以访问提供查看数据的几个选项的上下文菜单

表 2-3 **Tools 菜单具体选项及功能**

选 项	功 能
Add named restore point	单击以打开"添加命名恢复点"对话框，实现获取当前服务器状态的时间点
Backup...	单击以打开"备份..."对话框，实现备份数据库对象
Backup Globals...	单击以打开"备份全局"对话框，实现备份集群对象
Backup Server...	单击以打开"备份服务器..."对话框，实现备份服务器
Grant Wizard...	单击以访问授权向导工具
Import/Export...	单击以打开"导入/导出数据..."对话框，实现从表导入或导出数据
Maintenance...	单击以将"维护..."对话框打开到 VACUUM、ANALYZE、REINDEX 或 CLUSTER
Pause replay of WAL	单击以暂停 WAL 日志的重播
Query tool	单击以打开当前选定对象的查询工具
Reload Configuration...	单击以更新配置文件，而不重新启动服务器
Restore...	单击以访问"还原"对话框，实现从备份还原数据库文件
Resume replay of WAL	单击以恢复 WAL 日志的重播

表 2-4 **Help 菜单具体选项及功能**

选 项	功 能
About pgAdmin 4	点击打开一个窗口，用户将在其中找到有关 pgAdmin 的信息；这包括当前版本和当前用户
Online Help	单击以打开使用 pgAdmin 实用程序，工具和对话框的文档支持。在左侧浏览器窗口中导航(在新打开的选项卡)帮助文档或使用搜索栏指定主题
pgAdmin Website	点击浏览器窗口打开 pgAdmin.org 网站
PostgreSQL Website	点击访问 PostgreSQL 站点上托管的 PostgreSQL 核心文档。该网站还提供指南、教程和资源

2.4 PostGIS

2.4.1 概述

虽然 PostgreSQL 能够支持空间数据的特性，但它所提供的支持是远远不能满足 GIS 需求的。主要表现在：没有复杂的空间类型，不提供空间分析的功能，没有投影变换。正因为 PostgreSQL 存在着这些缺陷，为了弥补这些缺陷，PostGIS 就诞生了。

　　PostGIS 是 PostgreSQL 的空间数据引擎，它增强了空间数据库的存储管理能力。PostGIS 最大的特点就是对 OpenGIS 规范的完全支持，它在空间数据上的管理能力，就相当于 Oracle 的 Spatial 模块。PostGIS 提供如下空间信息服务功能：空间对象、空间索引、空间操作函数和空间操作符。PostGIS 是由 Refractions Research 公司发起开发的。

2.4.2　数据模型

1. 矢量数据模型

　　PostGIS 遵循 OpenGIS 规范的 SFS 模型（Simple Feature for SQL Model，简单要素的 SQL 模型）。PostGIS 支持的空间数据类型（GeometryType，几何类型）遵循 OGC 简单要素规范，同时在此基础上扩展了对 3D、2DM、3DM 坐标的支持，从而遵循 ISO/IECSQL/MM 标准。PostGIS 支持主要几何类型包括：点（Point）、线串（LineString）、多边形（Polygon）、多点（MultiPoint）、多线（MultiLineString）、多多边形（MultiPolygon）和集合对象集（GeometryCollection）等。

　　PostGIS 支持的大部分几何类型是基于笛卡儿坐标系的。2D 坐标空间中的 Point 由（X，Y）定义，3D 坐标空间中的 Point 由（X，Y，Z）定义，2DM 空间中的 Point（一般用 PointM 几何类型予以区分）由（X，Y，M）定义，3DM 空间中的 Point（一般用 PointMZ 几何类型予以区分）由（X，Y，Z，M）定义。

　　Linestring 至少由 2 个点来定义。与 Point 类似，Linestring 也有 4 种不同类型的坐标定义：2D 中的 Linestring，3D 中的 Linestring，2DM 中的 Linestring，3DM 中的 Linestring。

　　PostGIS 支持的其他几何类型也都支持 2D、3D、2DM、3DM 空间中的定义。

　　PostGIS 中几何对象的表达采用 EWKT 和 EWKB 格式，EWKT 和 EWKB 相比于 OGCWKT 和 WKB，主要是扩展了 3D、2DM、3DM 和内嵌空间参考的支持。

　　以下列举了几个几何对象 EWKT 表达，见表 2-5：

表 2-5　　　　　　　　　　　　　　　几何对象 EWKT 表达

几何要素	WKT 格式
点	POINT(0 0)
线	LINESTRING(0 0, 1 1, 1 2)
面	POLYGON((0 0, 4 0, 4 4, 0 4, 0 0), (1 1, 2 1, 2 2, 1 2, 1 1))
多点	MULTIPOINT(0 0, 1 2)
多线	MULTILINESTRING((0 0, 1 1, 1 2), (2 3, 3 2, 5 4))
多面	MULTIPOLYGON(((0 0, 4 0, 4 4, 0 4, 0 0), (1 1, 2 1, 2 2, 1 2, 1 1)), ((-1 -1, -1 -2, -2 -2, -2 -1, -1 -1)))
几何集合	GEOMETRYCOLLECTION(POINT(2 3), LINESTRING((2 3, 3 4)))

几何要素	WKT 格式
3D 点	POINT(0 0 0)
内嵌空间 参考的点	SRID = 32632; POINT(0 0)
带 M 值的点	POINTM(0 0 0)
带 M 值的 3D 点	POINT(0 00 0)
内嵌空间参考的 带 M 值的多点	SRID = 4326; MULTIPOINTM(0 0 0, 1 2 1)
插值圆弧	CIRCULARSTRING(0 0, 1 1, 1 0)
插值复合曲线	COMPOUNDCURVE(CIRCULARSTRING(0 0, 1 1, 1 0), (1 0, 0 1))
曲线多边形	CURVEPOLYGON(CIRCULARSTRING(0 0, 4 0, 4 4, 0 4, 0 0), (1 1, 3 3, 3 1, 1 1))
多曲线	MULTICURVE((00, 5 5), CIRCULARSTRING(4 0, 4 4, 8 4))
多曲面	MULTISURFACE(CURVEPOLYGON(CIRCULARSTRING(0 0, 4 0, 4 4, 0 4, 0 0), (1 1, 3 3, 3 1, 1 1)), ((10 10, 14 12, 11 10, 10 10), (11 11, 11.5 11, 11 11.5, 11 11)))

EWKT、EWKB 格式输入、输出：

byteaEWKB = ST_AsEWKB(geometry);

textEWKT = ST_AsEWKT(geometry);

geometry = ST_GeomFromEWKB(byteaEWKB);

geometry = ST_GeomFromEWKT(textEWKT);

PostGIS 中有很多用于确定空间物体之间位置关系的空间谓词，并且通过输出"ture/false"来对空间对象的关系加以判断。PostGIS 中也存在一些处理空间数据的分析工具，其中的 Union 主要是将多边形的边界进行合并，生成一个新的多边形要素，并且它的边界取的是两者中较大的。

在空间数据库中，聚集函数是针对某一属性列进行操作的数据操作函数。以 Sum 和 Average 函数为例，其中 Sum 是用来求某一列关系属性数据总和的函数；而 Average 则是用于求某一列中所有关系属性数据平均值的函数。空间聚集函数在执行数据集合的操作时，它针对的是空间数据而不是针对某一既定的属性列。以 Exteni 这个空间聚集函数为例，它所返回的是要素中最大的外包矩形框。例如，"SELECTEXTENT(GEOM)FROMROADS‖"这句 SQL 语句，它的执行结果其实就是返回了 ROADS 数据表中最大的外包矩形框。

此外，PostGIS 还提供了地理类型(GeographyType)，主要是用来以地理坐标(常说的大地坐标或者经纬度)表达地理要素。地理坐标属于球面(椭球面)坐标，以度(degree)为单位来表示。

PostGIS 所提供的几何类型的基础是平面。而在进行几何图形的计算时，可以使用笛卡儿数学公式来计算面积、距离、长度等。与此相反，PostGIS 提供的另一类型——地理类型，它的基础则是一个球体(椭球体)。想要计算球体上两点之间的距离，则需要更为复杂的数据公式来进行计算。因为地理类型需要更多的复杂数据基础作为理论，所以它的功能函数与几何类型的相比，还是比较少的。但 PostGIS 每时每刻都在发生着变化，所以不久的将来一定会有越来越多的地理类型的功能函数出现于世。

目前，PostGIS 地理类型只支持 WGS-84 (SRID：4326) 的经纬度坐标。GEOS (GeometryEngine-OpenSource) 的所有功能函数都暂时还不支持这种数据类型。

PostGIS 地理类型现在仅支持最简单的要素，包括点(Point)、线(LineString)、面(Polygon)、多点(MultiPoint)、多线(MultiLineString)、多面(MultiPolygon)以及混合数据类型(GeometryCollection)。创建带有二维点数据的表见以下代码：

```
CREATE TABLE spheroid_points
(
fid serial PRIMARY KEY,
name VARCHAR(64),
location geography(POINT, 4326)
);
```

location 字段是地理类型。它拥有两个参数，一个是用来限制存储的图形类型和维数的；另一个则是用来限制 SRID 的。目前的版本中，SRID 只能支持 4326 这个坐标。

2. 栅格数据模型

在 PostGIS 中存储较大的栅格数据对象，是通过一个新的数据类型来实现的。这种新型的数据类型是由 SRID(包裹矩形框)、类型以及一个字节的序列组成的。一般将数据页值的大小控制在(32×32)以下，就能够实现对数据的快捷与随机的访问了。而在存储一般的图像时，亦可以将图像切成像素为 32×32 像素大小的，然后再将它们存储到空间数据库当中。

raster2pgsql 是一个可加载栅格数据的可执行文件，它将 GDAL 所支持的栅格格式数据转化为适合 PostGIS 的 SQL 栅格数据表。并且这个可执行文件还可以加载栅格文件夹以及创建栅格数据集。这个支持栅格数据类型的可执行文件依赖于对 GDAL 的编译，这样才能获得 raster2pgsql 所支持的栅格类型数据的列表。

应用 PostGIS 所提供的函数进行栅格数据的创建在很多时候，用户需要在空间数据库中创建正确的栅格数据集以及栅格数据表。这个时候就可以应用 PostGIS 所提供的函数进行创建。下面是用 PostGIS 提供的函数创建了一个栅格数据表，用来存储栅格数据：

```
CREATE TABLE myrasters(rid serial primary key,rast raster);
```

当然，用户还可以应用 ST_AddBand 或是 ST_MakeEmptyRaster 等函数进行栅格数据表的创建。在完成了栅格数据表的创建后，用户就需要一个索引列表来提高查询效率。下面是针对栅格数据表的索引表的创建，代码如下：

```
CREAT INDEX myrasters_rast_st_convexhull_idx ON myrasters USING
gist(ST_ConvexHull(rast))
```

3. 拓扑数据模型

PostGIS 中有许多函数是用来管理空间数据的空间关系的。例如，ST_Area，它能够返回多边形或多面的面积。对于"几何"型区域是以 SRID 为单位，而对于"地理"区域来说则是以平方米为单位。而它所返回的值将存储在 ST_Surface 或 ST_MultiSurface 之中。而 ST_MaxDistance 则是用来显示二维投影后两个最大图形之间的距离。

```
postgis = # SELECT ST_MaxDistance ('POINT ( 0 0 )':: geometry,
'LINESTRING
(20, 02)':: geometry);
st_maxdistance
```
输出结果为：2。

```
postgis = #SELECTST_MaxDistance('POINT(00)':: geometry, 'LINESTRING
(22, 22)':: geometry);
st_maxdistance
```
输出结果为：2.31345678129845。

PostGIS 中也存在 9 交拓扑模型，如 ST_Contains、ST_Crosses、ST_Intersects、ST_Touches，等等。例如，当用户考虑一个线性数据集表示道路网络时，作为一个地理信息系统的分析师，其任务就是找出所有相互交叉的路段，这不是在一个点上而是在一条线上，所以对于突破规则的定义就显得尤为重要。而在这种境况下，ST_Crosses 并不能发挥它的作用，因为它不是针对线性特性，它只能在有点交叉时才会返回 True。在解决这种问题时，就需要应用两种函数相结合，首先应用 ST_Intersection 对路段空间相交的实际交点进行监测，然后再进行 ST_GeometryType 与 LINESTRING 的比较，最后就会返回正确的多点、多线、多面等之间的相交关系。

PostGIS 中 topology 模型通过类型 TopoGeome-try 封装。在 PostGIS 中创建拓扑数据模型如下：

```
CREATE TYPE TopoGeometry AS ( topology_id integer, layer_in
integer, id integer,
```
PostGIS 中 TopoGeometry 函数实际上是被看作要素表(feature table)的一个列。真正的点、线、面要素的坐标数据并不在 Topo-Gemetry 中，而是被保存于关系表——拓扑表(topology table)中。TopoGeometry 类型的对象在建立拓扑图层的组织、要素表与拓扑表之间的关系时，是通过这三者之间的关联信息表的。

在 PostGIS 的 topology 模式下定义了一个全局元数据表 topology（完全访问符为 topology. topology）。这个表是用来保存空间数据库中拓扑模型实例的 ID、命名、空间参考系统标识以及数据容错阈值等的。每个拓扑模型的实例即为一个要素(Feature)的分层组织。而这些要素应当与 TopoGeometry 类型中的对象进行一一的相关联，而每个 TopoGeometry 类型都由 Node、Edge、pylon 这三个基本要素构成。如多边形几何类型房屋，它必须由顶点(Node)、边界(Edge)和所占据的面(Face)这三个要素来共同表达。而房屋与周围地物的拓扑关系可以通过三要素之间的关系来获得。

在 PostGIS 中定义了拓扑模型三要素在数据库中的映射关系：

Edge(边 ID[PRIMARY KEY]，起始节点[FOREIGN KEY]，终止节点[FOREIGN KEY]，下一条相邻左侧边[FOREIGN KEY]，下一条相邻右侧边[FOREIGN KEY]，左面[FOREIGN KEY]，右面[FOREIGN KEY]，几何坐标数据)。

Node(节点 ID[PRIMARY KEY]，所在面[FOREIGN KEY]，几何坐标数据)。

Face(面 ID[PRIMARY KEY]，最小外包矩形数据)。

可见，空间数据库中点、线、面三要素间的拓扑关系能够表达出空间对象的具体坐标信息。在 OpenGIS 的 SFS 中的 Geometry 数据类型是进行几何数据的存储。这些数据类型可以用来建立空间索引或是空间查询与分析。PostGIS 有拓扑模型的继承特性，所以用户可以应用这一点来进行分析与运算。

4. 长事务管理及线性参考

(1)PostGIS 中的长事务管理

PostGIS 中提供了针对长事务进行管理的函数，如 AddAuth、CheckAuth、DisableLongTransactions，以及 LockRow 和 UnlockRows。

AddAuth——在当前的事务中添加一个授权令牌；

将当前事务标识与授权时的令牌秘钥添加到 temp_lock_have_table 的表中。具体实例如下所示：

```
SELECT LockRow('road','353','babaoshan');
BEGIN TRANSACTION;
SELECT AddAuth( =wudaokou');
UPDATE roda SET the_geom=ST_Translate(the_geom, 2, 2) WHERE
gid=353;
COMMIT;
```

CheckAuth——创建触发器来防止或是允许已经拥有授权令牌行的更新与删除。

DisableLongTransactions——禁用长事务支持，该函数删除了长事务支持的元数据表并降低了所有触发器的 lock-checked 表。

EnableLongTransactions——允许使用长事务支持，该函数在创建所需的元数据表时，需要先调用其他函数。所以，它也被称作二次调用。

LockRow——设置授权表特定行的锁。

UnlockRows——删除授权 ID 的所有被指定的锁，并返回这些锁的数量。

(2) PostGIS 中的线性参考

线性参考是指以线要素的位置为相对位置进行地理位置的存储方法。与传统的坐标相比，某些对象的位置沿着线性特征能够更准确地确定，并且它们的位置可以由一个已知的对象进行测量。例如，旅行的距离，它可以从已知的出发点开始计算。

在 PostGIS 中也有对线性参考的具体定义。PostGIS 中的线性参考是通过一系列的函数来展现的。如以下的几个函数所示：

ST_LineInterpolatePoint——沿着线返回一个内插的点。第二个参数是 0 和 1 表示了线串中的点须位于线长度的比例之间。例如，在线串 A20%的位置内插一点(0.20)。代码如下：

```
SELECT ST_AsEWKT(ST_Line_Interpolate_Point(the_line, 0.5))
FROM (SELECT ST_GeomFromEWKT(_LINESTRING(123, 456, 678)')
as the_line) As foo;
st_asewkt
```

输出结果为：POINT(3.5, 4.5, 5.5)。

ST_AddMeasure——返回一个内插与几何元素起始点与终点之间的线性。如果几何元素没有进行尺寸的测量则应该对其进行补充；如果几何测量的维度过度地使用新值，则此函数只能支持线与多线。

ST_LocateAlong——此函数是返回一个派生的几何集合值，并审查它是否与指定的度量元素相匹配(此函数不支持多边形元素)。

ST_LocateBetween——返回在指定范围内与派生的几何集合值相匹配的元素(此函数不支持多边形元素)。

ST_InterpolatePoint——返回与提供点相近点的几何测量维度的值。

2.5　本章小结

在本章中，主要介绍了开源 GIS 软件。从开源桌面 GIS 软件 QGIS 到数据库 PostgreSQL 以及空间数据库引擎 PostGIS，逐一介绍了其框架和相应的功能。在介绍 QGIS 时，简单地介绍了其基础功能，在后面的章节会有更详细的功能介绍。Qt 语言是第 9 章 QGIS 二次开发中使用的语言，在本章中对其进行简单的介绍，使读者对 Qt 语言有初步的了解。对于 PostgreSQL 和 PostGIS，是开源空间数据库管理的工具，后面章节会有更详细的介绍。

第 3 章　OpenGIS 软件安装配置

本章主要介绍 OpenGIS 中代表性软件 QGIS 的安装及配置、PostgreSQL 的安装及配置、PostGIS 数据库的安装及配置。

3.1　QGIS 安装配置

在安装和配置 QGIS 之前登录 QGIS 官网：http：//www. qgis. org/en/site/forusers/download. html，选择相应的平台和合适的版本，如图 3-1 所示。本例中使用的是 Windows 操作系统 64 位的 version2. 8. 9-1 版本的 QGIS。

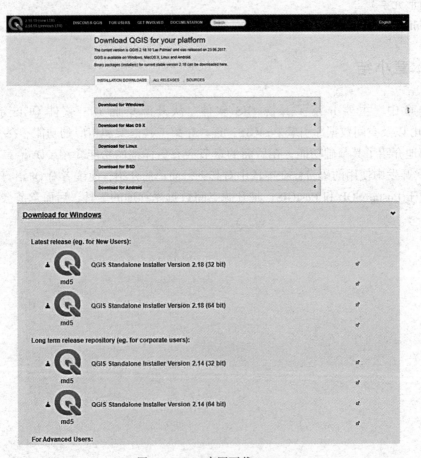

图 3-1　QGIS 官网下载 QGIS

　　下载完成后，打开 QGIS 安装程序，进入 QGIS 安装对话框，单击【Next】按钮进入下一步，如图 3-2 所示。

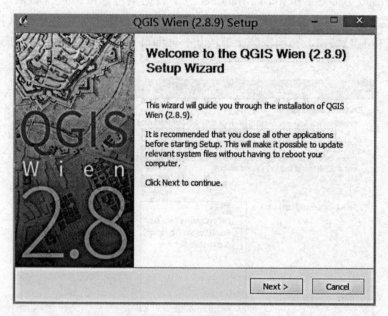

图 3-2　QGIS 开始安装

　　单击【I Agree】按钮，进入下一步，然后选择安装路径，单击【Next】按钮，进入下一步，如图 3-3 所示。

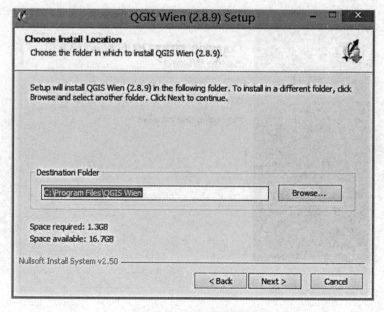

图 3-3　选择安装目录

　　接着，进入 Choose Components 步骤，这一步需要选择用户需要的要素或者组件进行安装，如图 3-4 所示。QGIS 是默认选中的，不可更改；North Carolna Data Set、South Dakota(Spearfish) Data Set 和 Alaska Data Set 三个数据集可选可不选，如果想要快速安装可以不选择数据集，因为如果选择了数据集，在安装过程中需要在线下载选择的数据集。然后，点击【Install】按钮，开始安装，等待几分钟即可安装成功，如图 3-5 所示。

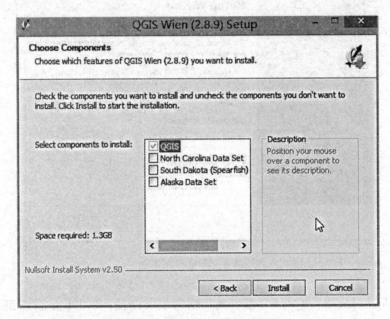

图 3-4　Choose Components 步骤

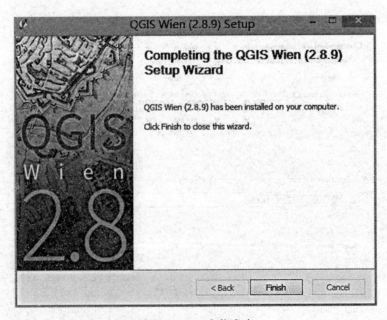

图 3-5　QGIS 安装成功

3.2 PostgreSQL 安装配置

访问 PostgreSQL 官网：https：//www.postgresql.org/download/，如图 3-6 所示，选择相应的操作系统和合适的版本。本例中使用的是 Windows 操作系统 64 位的版本为 9.6.3-2 的 PostgreSQL。

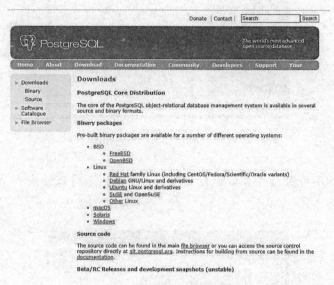

图 3-6　PostgreSQL 官网

选择操作系统后，在跳转页面中点击"Download the installer"，然后跳转 https：// www.enterprisedb.com/downloads/postgres-postgresql-downloads#windows 网站。选择版本即可下载 PostgreSQL，如图 3-7 所示。

图 3-7　下载 PostgreSQL 界面

下载完成后点击"PostgreSQL"安装程序，进入 PostgreSQL 安装对话框，点击【Next】按钮进入下一步，如图 3-8 所示。

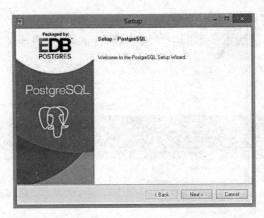

图 3-8　PostgreSQL 安装对话框

选择 PostgreSQL 安装路径和数据存储路径，单击【Next】按钮进入下一步，如图 3-9 所示。

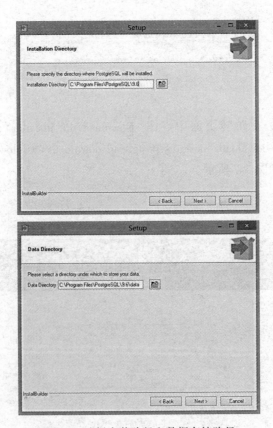

图 3-9　选择安装路径和数据存储路径

安装超级用户名为 postgres，需要在"Password"和"Retype password"栏输入密码。需要牢记此处设置的用户名和密码，以及下一步的端口号，在排至 PostGIS 的时候需要登录才能连接到数据库引擎上。单击【Next】按钮，如图 3-10 所示。

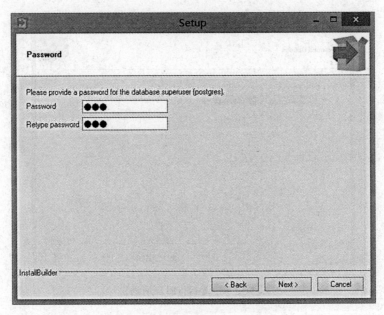

图 3-10　设置超级用户名和密码

设置数据库服务器监听端口，默认为"5432"，单击【Next】按钮，如图 3-11 所示。

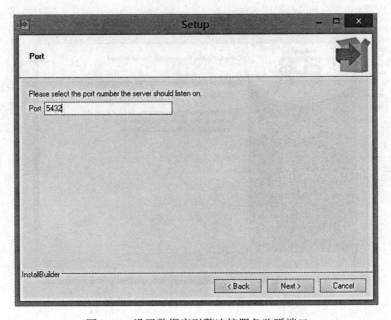

图 3-11　设置数据库引擎连接服务监听端口

选择运行时语言环境，建议选择"Default locale"，PostgreSQL 提供了很多种语言，可根据用户需求选择合适的语言。如果选择中文字符集，可能导致查询和排序错误。点击【Next】按钮，如图 3-12 所示。

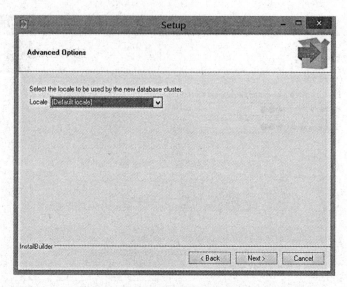

图 3-12　设置运行时环境语言

进入准备安装界面，如果配置无误，点击【Next】按钮，开始安装。安装需要等待几分钟。安装成功后，此时需要勾选"Stack Builder…"，以便安装 PostGIS 插件，单击【Finish】按钮，完成 PostgreSQL 的安装，如图 3-13 所示。

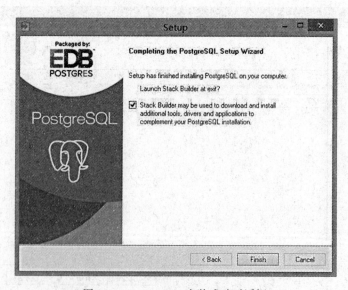

图 3-13　PostgreSQL 安装成功对话框

3.3 PostGIS 数据库引擎配置

由于在安装 PostgreSQL 时勾选了启动 Stack Builder 的选择框，因此在安装完成后点击【Finish】后会弹出 Stack Builder 对话框，从下拉框中选择之前安装的服务器作为目标。注意此时计算机必须连接到互联网，点击【下一步】按钮，需要下载应用列表，如图 3-14 所示。

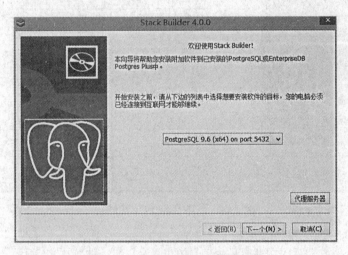

图 3-14 配置 PostGIS 目标服务器

勾选 Spatial Extensions 下的 PostGIS ＊ Bundle for PostgreSQL，单击【下一步】按钮，如图 3-15 所示。

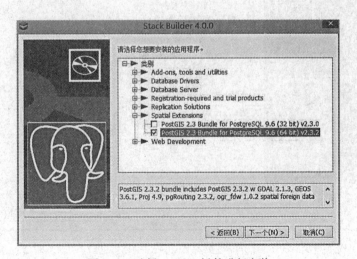

图 3-15 选择 PostGIS 插件进行安装

选择 PostGIS 的下载目录，单击【下一步】按钮，如图 3-16 所示，程序将下载 PostGIS 插件。

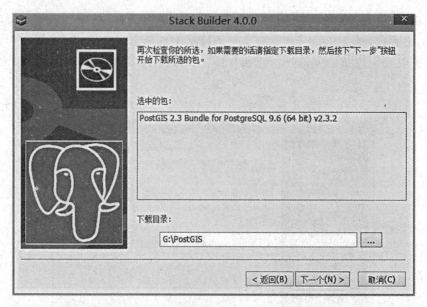

图 3-16　选择 PostGIS 下载目录

安装文件下载成功后，单击【下一步】按钮进入安装，如图 3-17 所示。

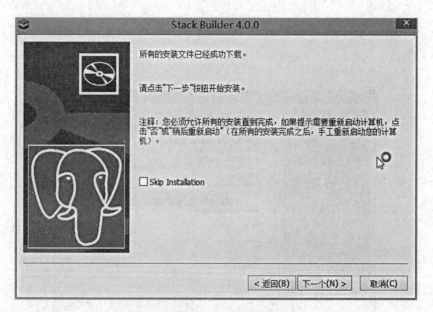

图 3-17　安装 PostGIS 提示对话框

选择【I Agree】按钮，同意许可协议，进入下一步，在出现的对话框中勾选上"Create spatial database"，用以创建空间数据库实例，单击【Next】按钮，如图 3-18 所示。

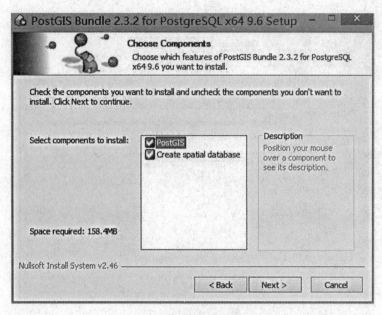

图 3-18　选择安装项目

选择目标文件夹为 PostgreSQL 的安装路径，单击【Next】按钮，如图 3-19 所示。

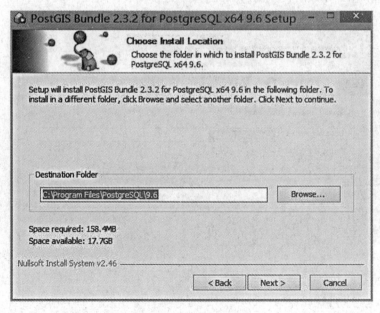

图 3-19　选择安装路径

　　输入数据库的连接信息，包括用户名（默认为 postgres）、密码以及端口号，输入无误后点击【Next】按钮，如图 3-20 所示。

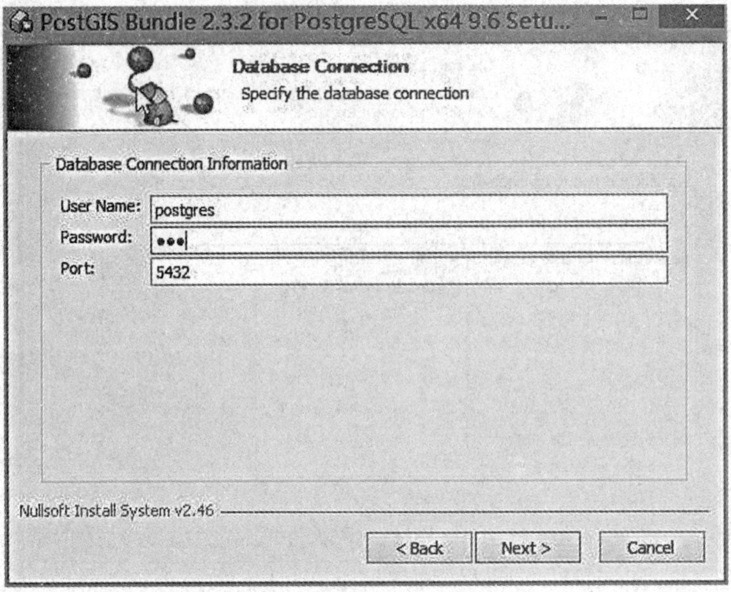

图 3-20　输入连接信息

　　输入数据库的名称，默认为 postgis_23_sample，用户也可以根据自己的爱好输入自己的数据库名称。输入完成后，点击【Install】按钮进行安装，如图 3-21 所示。

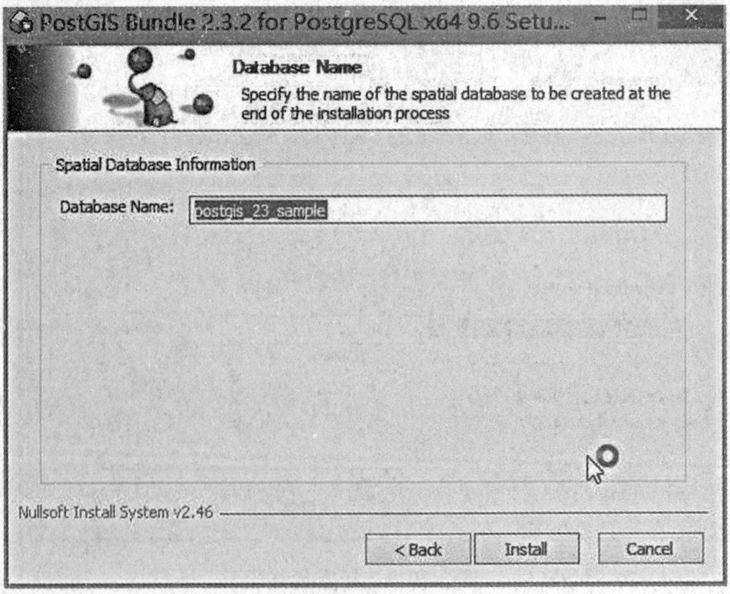

图 3-21　设置样例空间数据库的名称

安装过程中会出现注册 GDAL_DATA 环境的对话框，它向用户确认数据的存储，单击【是】按钮继续安装，如图 3-22 所示。

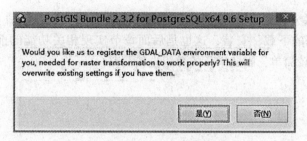

图 3-22　注册 GDAL_DATA 环境

接着会弹出设置栅格驱动的对话框，用户支持栅格数据类型，单击【是】按钮继续安装，如图 3-23 所示。

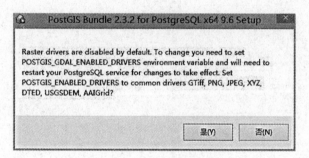

图 3-23　设置栅格驱动

安装成功后，单击【Close】按钮，关闭对话框，完成安装，如图 3-24 所示。

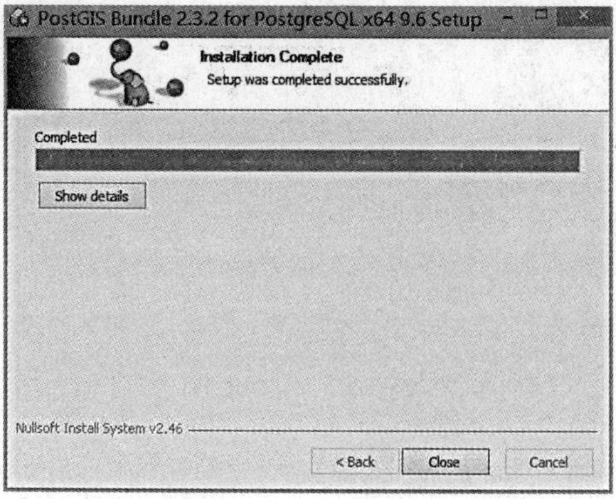

图 3-24　PostGIS 安装成功

3.4　本章小结

"工欲善其事必先利其器"，本章主要介绍 OpenGIS 相关软件包括 QGIS、PostgreSQL、PostGIS 数据库引擎的下载、安装，这也是后面章节实现相关功能的前提。软件的下载、安装及配置都相对较简单，因此本章的介绍也较简略。

第4章　空间数据查询浏览

在 QGIS 软件系统中，包含了通用 GIS 软件系统的功能，具体有空间数据（包括矢量数据、栅格数据和服务数据）的加载、空间数据浏览、空间数据查询、空间数据图层控制以及空间数据符号化等。

4.1　数据加载

QGIS 打开之后，可以直接调用主菜单命令"图层"→"添加图层"，选择各种数据添加方式或直接在工具条中选择，然后加载需要的数据图层，它支持矢量、栅格和服务三种类型数据的引入。

4.1.1　加入矢量图层

Quantum GIS 可以支持多种矢量数据，如常见的 Shapefile 和 MapInfo、*.MIF、*.TAB 等。另外，QGIS 还支持在 PostgreSQL 资料库中的 PostGIS 图层。同时，QGIS 还提供了 CSV（delimited text）纯文字档汇入。

目前，QGIS 可以读取的矢量资料有：

- Arc/Info Binary Coverage；
- ESRI Shapefile；
- MapInfo File；
- SDTS；
- PostGIS 图层；
- MSSQL 空间图层。

目前，最多使用的档案格式为 ESRI Shapefiles，它是由三种档案组成。分别为：

- .shp：此档案为几何坐标资料；
- .dbf：此档案为 dBase 格式的属性资料；
- .shx：索引档案。

加入矢量图层的步骤如下：

①如图 4-1 所示，开启 QGIS 后进入 QGIS 的操作界面。

②在档案类型中选择 ESRI Shape 档［OGR］（*.shp，*SHP）或工具列的 V_a，选择欲加入的矢量图层，如图 4-2 所示，并点选"Open"按钮，如图 4-3 所示。

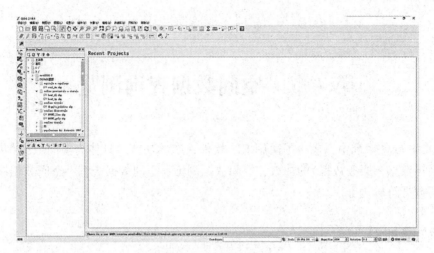

图 4-1　QIS 操作界面

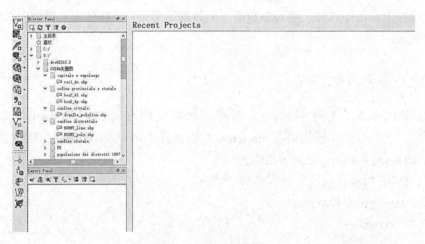

图 4-2　加入矢量图层

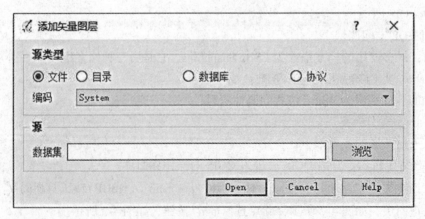

图 4-3　选择要加入的图层

③图层载入后，如图4-4所示。

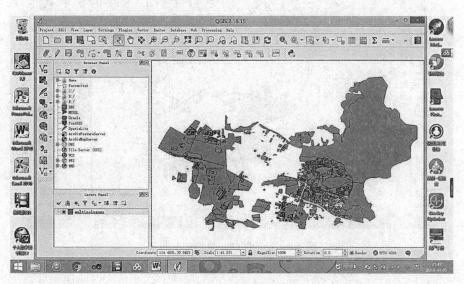

图4-4　完成载入图层

④接下来，要将图层显示在左下方的略缩图中。将鼠标拖动至图层名称处并点击右键，然后勾选"Show in Overview"即可。

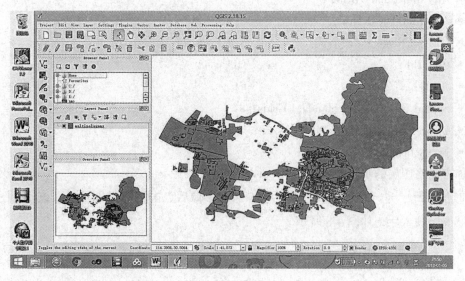

图4-5　鹰眼功能

如果发现页面左边的图例、略缩图等不在界面上，则可以在工具栏空白处点击鼠标右键，这时会出现下拉功能列表，之后在"关闭图例或略缩图"前点击鼠标左键即可使图例与缩略图显示出来。同理，如果工具列不见了，也可用相同的方法处理。

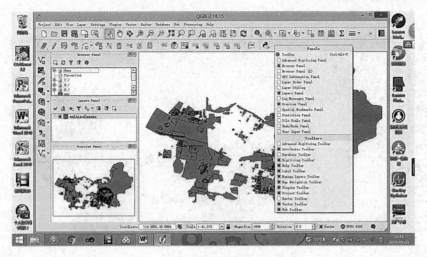

图 4-6　显示图例、略缩图工具列

4.1.2　加入栅格图层

GIS 中的影像资料一般以栅格图像为主。这些栅格资料包括数字高程资料、卫星影像、扫描影像，等等。目前，QGIS 可以支持读取的栅格数据有：

- Arc/Info Binary Grid；
- Arc/Info ASCII Grid；
- GRASS Raster；
- GeoTIFF；
- JPEG；
- Spatial Data Tranfer Standard Grids；
- USGS ASCII DEM；
- Erdas Imagine。

加入栅格图层的步骤如下：

①点击 ，进入"文件查找"对话框，选取影像后点击【打开】即可加入该栅格图层。

②图层载入后，如图 4-8 所示。

4.1.3　加入服务数据

WMS(Web Mapping Service)是一种远程的地图服务，好像一个网站，用户可以通过连接一个远程服务器来获取，QGIS 可以直接加载 WMS 图层。WMS 图层与从 Google 地图上加载的栅格地图不同，它是静态的，一旦用户下载了图片，它就不会再更新变化了(除非删除缓存)。但通过放大和缩小地图，WMS 图层是可以动态更新的。

图 4-7　加入栅格图层

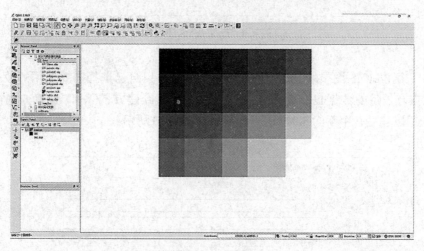

图 4-8　加入完成

　　WFS(WebFeatureService)是一种 Web 要素服务，它的基础接口是 GetCapabilities。支持对地理要素的插入、更新、删除、检索和发现服务。该服务根据 HTTP 客户请求返回 GML(Geography Markup Language，地理标识语言)数据。WFS 对应于常见桌面程序中的条件查询功能，WFS 通过 OGC Filter 构造查询条件，支持基于空间几何关系的查询和基于属性域的查询，当然还包括基于空间关系和属性域的共同查询。

　　WCS(WebCoverageService)是由 OGC 定义的在 Web 上以"Coverage"的形式共享地理空间数据的规范。所谓 Coverage 是指能够返回其时空域中任意指定点的值的数据，其形式易于输入到模型中使用。WCS 服务是以"Coverage"的形式实现了栅格影像数据集的共享。

　　除了矢量数据与栅格数据，QGIS 还支持从 WMS、WFS、WCS 服务器获取数据。WMS 和 WFS 目前越来越多地得到应用，在 Google 上可以通过查找 WMS 服务器列表来获得相应的 WMS 服务器地址。

图 4-9 是选择增加一个 WMS 图层后的对话框。

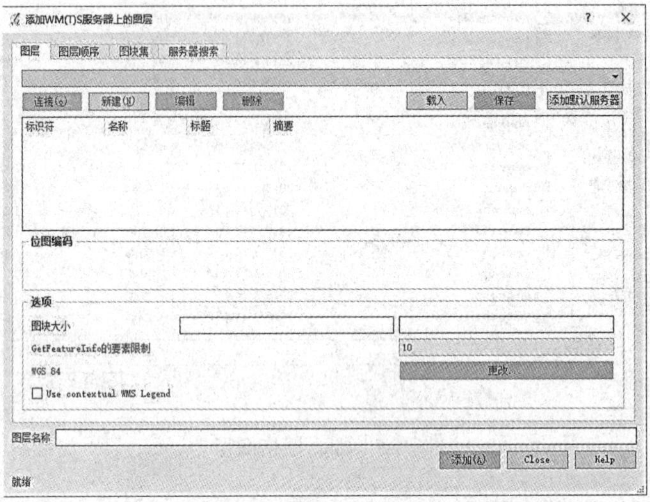

图 4-9　增加 WMS 图层

增加一个 PostGIS 图层的方法与前面类似，用户可以自己选择需要使用的数据表，这些 GIS 数据有矢量的数据也有栅格数据。如果没有已经建立的 WMS 连接，则需要点击【新建】按钮以建立一个新的 WMS 服务连接，如图 4-10 所示。

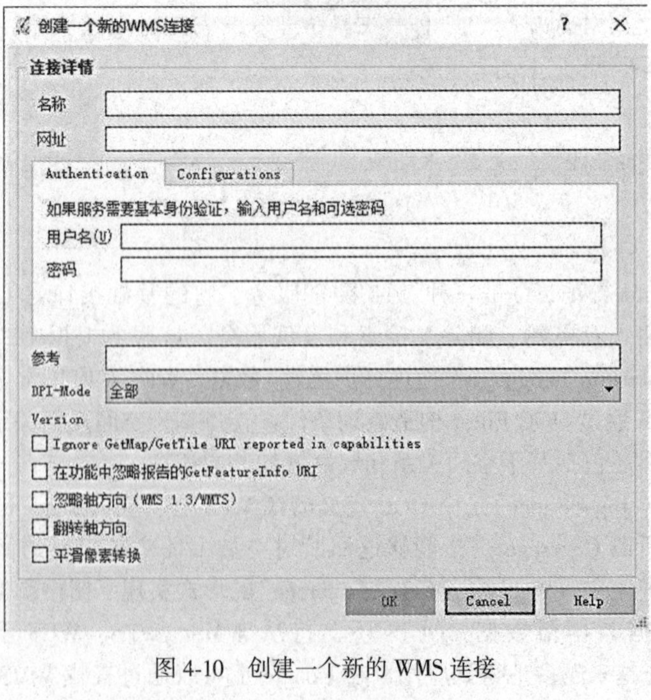

图 4-10　创建一个新的 WMS 连接

对话框中的 Name（名称）根据个人需要填写，然后在 URL（网址）中填写 http：//
ows. terrestris. de/osm/service（这是一个服务测试数据），之后点击【OK】按钮，回到上一个
对话框，点击【连接】，选择其中一个数据源，点击【添加】加载出远程地图，没显示出来
的话，添加一下本地的矢量图，就会显示出来，如图 4-11 所示。

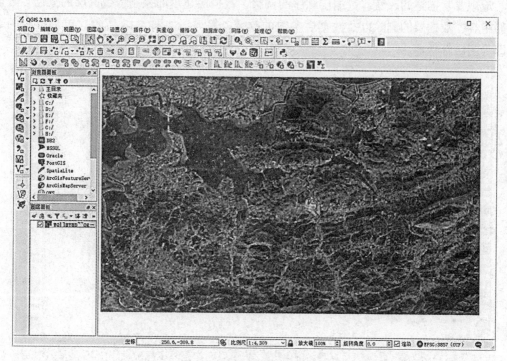

图 4-11　添加 WMS 后的界面

4.2　数据浏览

数据浏览功能主要有平移、放大、缩小等，这些功能可以方便用户更好地查看图层内
容，并用于调整地图显示范围。

如图 4-12 所示的工具条中包含拖拽平移（漫游）、选择要素居中、任意放大、任意缩
小、全图显示、选择要素全图显示、切换回上一个显示范围（历史操作）、切换到下一个
显示范围（历史操作）等功能，多样的图层浏览工具可以给用户提供更多样化的数据交互
体验。

图 4-12　地图浏览工具：调整地图显示范围

此外，图层管理器用于进行读入数据的目录级别管理以及图层显示控制。加载到 QGIS 中的每一个图层，在 QGIS 窗口左边的图层管理器中都会相应有一个目录，显示该图层的名称与数据类型以及样式。数据图层存在于地图之中，它不仅可以作为地图独立存储在地理数据库中，也可以作为图层文件进行储存。数据图层的基本操作包括图层名称的改变、地理要素描述的改变、数据层顺序的调整、数据层显示的控制、数据层的复制、数据层的组合、数据层的删除以及数据层参数的改变，等等。如图 4-13 所示，矩形框内的部分即为图层管理器。

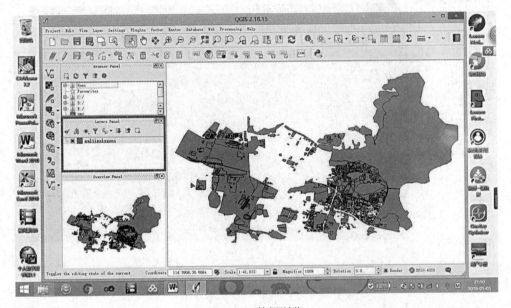

图 4-13　数据浏览

4.2.1　数据层名称的改变

加载到 QGIS 地图的每一个数据图层，在软件界面左侧的图层管理器中都会相应有一个名称；数据层所包含的一切地图要素，也有相应的描述字符与它对应。默认状态下，图层名称为数据源的名称。而地理要素的描述为要素类型字段的取值。数据层名称和要素描述是对数据内容的简要概括，给用户以提示。而且输出地图时的图例也受数据层名称和要素描述的影响。为了使输出的地图更加容易被理解，我们需要对数据层名称、地理要素描述，甚至是地图数据组名称进行改变。

改变数据层名称的操作很简单，单击选择需要改变的数据层，该数据层就成了当前活动的数据层。在当前活动的数据层上单击右键，选择【重命名】，该图层名称就进入编辑状态，输入新的图层名称，改变地理要素和数据组的名称同修改数据层名称的操作完全一致。

4.2.2 数据层顺序的调整

图层管理器中的图层顺序决定了地图上的图层如何叠加显示。在数据组中，位于上面的图层绘制在位于下面的图层之上。我们可以很容易地通过移动图层来调整绘制顺序，或将它们组织成为独立的数据组。一般来说，数据层的排列顺序规则如下：

①按照点、线、面要素类型依次排列，点在最上面，线在中间，面在最下面；

②按照要素的重要程度依次排列，最重要的在最上面，次要的在下面；

③按照要素线划的粗细程度依次排列，细的在上面，粗的在下面；

④按照要素的色彩依次排列，淡的颜色在上面，浓的颜色在下面。

调整数据层顺序的操作很简单，将鼠标指针放置在需要调整的数据层上面，按住鼠标左键拖动数据层，图层管理器将出现一条黑色粗线，用于指示数据层放置的位置，将数据层拖动到新的位置后，释放鼠标左键，数据层被移动至新的位置。

4.2.3 数据层显示控制

在 QGIS 图层管理器中，每个数据层前面都有一个小方框，软件对框中标有"√"的数据层予以显示，而其他图层则被隐藏。

4.2.4 数据层的复制与删除

数据层的复制操作是用来建立统一数据源地图的快速方法，在图层管理器中将鼠标移至需要复制的数据层处，单击鼠标右键，弹出图层管理器快捷菜单，选择"创建副本"命令，将产生的副本图层移动到需要添加数据层的位置，完成图层的复制。

数据层的删除操作是在图层管理器中将鼠标移至需要删除的数据层处，单击鼠标右键，弹出图层管理器快捷菜单，选择"移除"命令，即完成操作。这个操作并不会删除数据源，它只是将该数据层从地图中移除，如果在后续操作中需要用到该数据层，可以再次按照 4.1 节中的方法将它加载进来。

4.3 数据查询

4.3.1 图层属性查询

在 QGIS 中通常用属性表来查看地理要素的属性。在属性表中，用户可以查询具有特定属性的要素，并在地图中选中它们；也可以更新属性信息以反映地理要素的变化。更多的时候用户需要在属性表中进行要素属性的查询与检索。

当用户需要在表中查找与某些数值或字符串相互匹配的记录时，可以在选中的字段中或整个表中搜索该值。下面我们提供三种不同类型的字符相关的搜索方法，它们是任意部分搜索、全字段搜索以及字段头搜索。

属性表查询过程如下：

①打开一个矢量数据文件，如图 4-14 所示。

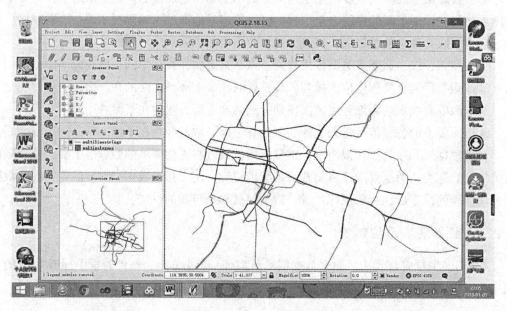

图 4-14 开启 shapefile 图层

②右键图层管理器中的图层名，在出现的下拉框内选择【Properties（属性）】，依据个人喜好调整图层颜色、填充效果和图例，如图 4-15、图 4-16 所示。

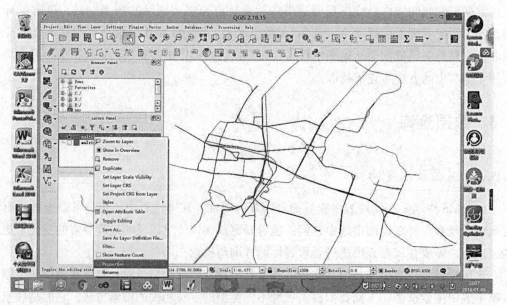

图 4-15 调整属性

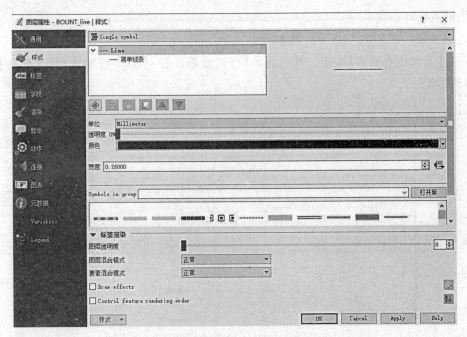

图 4-16 设定颜色、图示等属性

③在图层名称上单击右键，选择【打开属性表】，如图 4-17 所示。

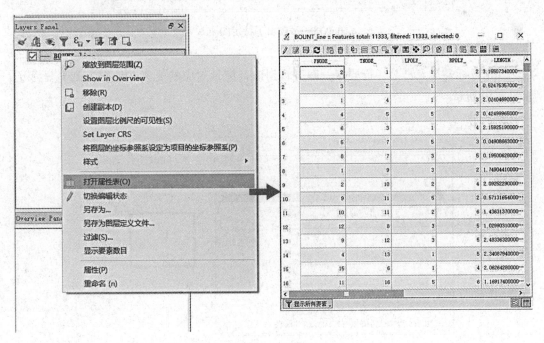

图 4-17 属性表

④输入查询条件。

查询目标：查询特定 ID 下的数据。

点选【显示所有要素】按钮，然后点选【行过滤条件】→【ID】→【输入目标 ID 号】，如图 4-18 所示。

	FNODE_	TNODE_	LPOLY_	RPOLY_	LENGTH	BOUNT_	BOUNT_ID
1	4	5	5	3	0.42499965000…	4	1
2	53	62	15	8	0.24858280000…	68	1
3	96	93	22	27	0.13201079000…	104	1
4	116	123	33	36	0.15226736000…	133	1
5	668	741	123	122	0.73142964000…	881	1
6	879	862	162	227	0.50076503000…	1061	1
7	1169	1150	284	329	0.36624280000…	1433	1
8	1225	1224	288	364	0.00011264666…	1508	1
9	1227	1169	288	329	0.27233243000…	1511	1
10	1224	1227	288	364	0.22880942000…	1512	1
11	1257	1225	294	368	0.19123565000…	1554	1
12	1438	1454	347	429	0.18928343000…	1612	1
13	1488	1489	279	434	1.92381170000…	1862	1
14	1562	1581	502	1	0.14223288000…	1971	1
15	1581	1596	1	1	0.33248386000…	1991	1
16	1826	1830	1	1	0.27462050000…	2306	1

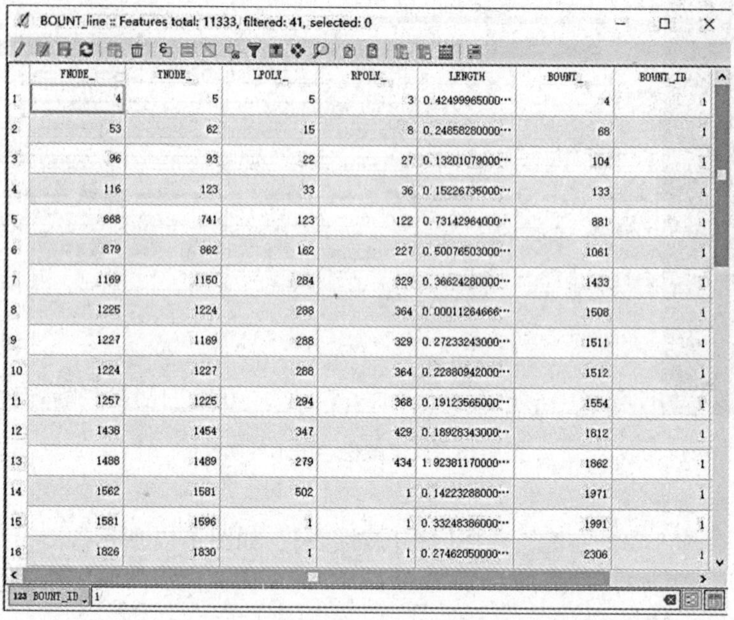

图 4-18　筛选出了特定的要素

⑤用鼠标左键点击某一行要素，即可看到该行记录对应的要素在地图上高亮显示了，如图 4-19 所示。

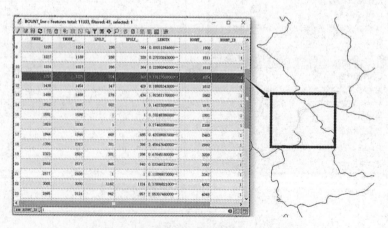

图 4-19　记录对应的要素在地图上高亮显示

除了上述方法外，还可以利用属性表中的字段计算器进行新字段生成，以提供新的属性查询依据，操作如下：

①在图层名称上点击右键，选择【打开属性表】，如图 4-20 所示。

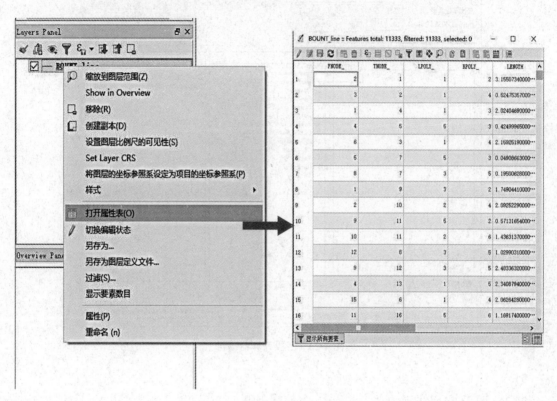

图 4-20　属性查询的另一种方式

②使要素属性处于编辑状态，点击属性表窗口上的【打开字段计算器】，如图 4-21 所示。

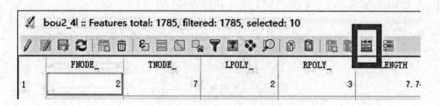

图 4-21　打开字段计算器

③如图 4-22 所示，在左侧的表达式窗口输入检索表达式，即可生成一个新的字段，例如，在人口数量面状图层中以各地区人口数除以各地区面积值可以得到各地区人口密度值，这就生成了一个新的辅助查询的字段。

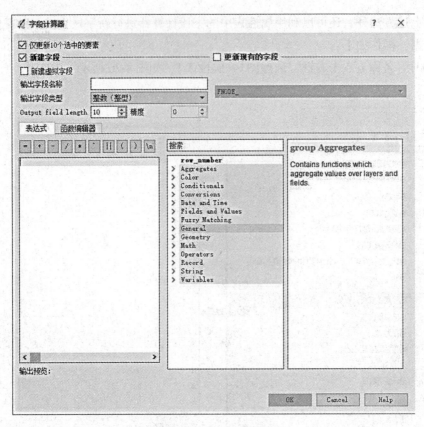

图 4-22　字段计算器编辑

4.3.2　图层空间查询

除了属性查询之外，QGIS 还提供了空间查询的功能。空间查询是通过空间位置信息进行的查询，如地图的点击查询、拉框查询、按多边形选取查询等，具体操作如下：

点击工具条中 按钮旁边的下拉条，选择空间查询的方式，包括【选择要素】、【按多边形】、【自由手绘方式】、【按半径】等，如图 4-23 所示。

图 4-23　要素选择方式

选择一种操作方式，例如【选择要素】，然后在地图上拉取一个矩形框，则在该矩形框的要素高亮显示。图 4-24 是拉取选框之后的结果，图 4-25 是空间查询的结果。

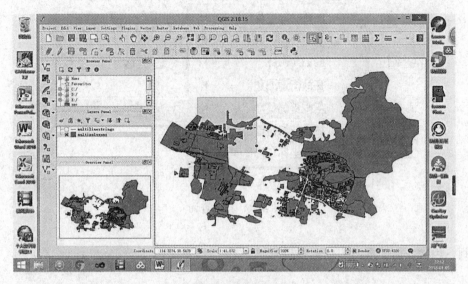

图 4-24 框选查询

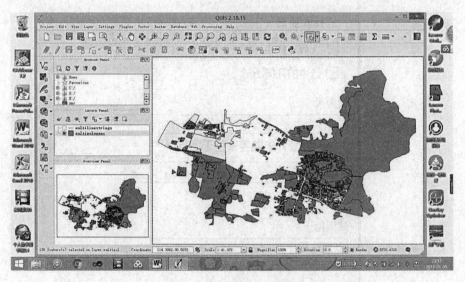

图 4-25 框选查询结果

此外，QGIS 还提供了基于两个图层之间关系的空间查询，具体操作如下：

点击工具条上的【矢量】→【空间查询】→【空间查询】，如图 4-26 所示。

在如图 4-27 所示的对话框中选择目标图层与参考图层的关系，例如选择包含在面状图层要素中的点状图层要素，然后点击【Apply】按钮，得到如图 4-28 所示的查询结果。可

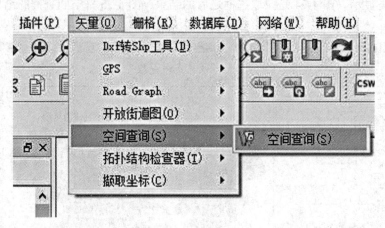

图 4-26　空间查询

以看到，包含在面要素内的点全部高亮显示了。

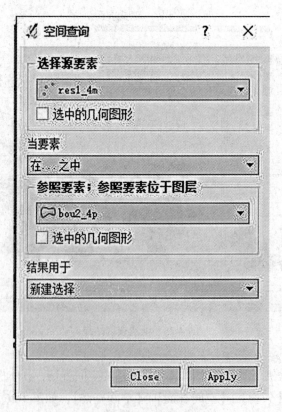

图 4-27　空间查询条件选择

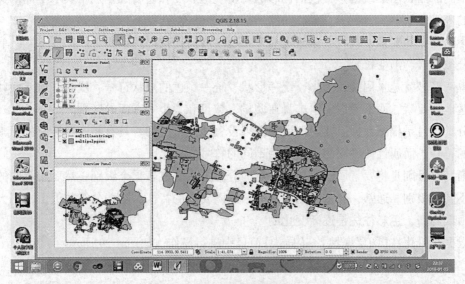

图 4-28　空间查询结果

在这里，基于两个图层之间关系的空间查询操作实际上是一种叠置分析，是利用空间拓扑关系九交模型来定义的图层要素的关系表达。空间九交模型是将空间目标 A 表示为边界、内部和外部三个部分的集合。通过比较目标 A 与 B 的边界、内部、外部的交集（空或非空），分析确定 A、B 间的空间拓扑关系，可以用如下矩阵形式表示：

$$\boldsymbol{R}(A,\ B)=\begin{bmatrix} \partial A \cap \partial B & \partial A \cap B^\circ & \partial A \cap B^- \\ A^\circ \cap \partial B & A^\circ \cap B^\circ & A^\circ \cap B^- \\ A^- \cap \partial B & A^- \cap B^\circ & A^- \cap B^- \end{bmatrix}$$

其中，∂A 表示实体 A 的边界，A° 表示实体 A 的内部，A^- 表示实体 A 的外部。

4.4　数据符号化

数据符号化是表达空间数据的基本手段，是地图的语言单位，是可视化表达地理信息内容的基础工具。它不仅能表示事物的空间位置、形状、质量和数量特征，还可以表示各事物之间的相互关系以及区域总体特征。地图符号由形状不同、大小不一、色彩有别的图形或文字组成，它既是地图的语言，也是一种图形语言，地图符号不仅有着确定客观事物空间位置、分布特点以及质量和数量特征的基本功能，还具有相互联系和共同表达地理环境要素总体的特殊功能。

根据事物分布的特点，地图符号可以分为点状符号、线状符号和面状符号三种。点状要素可以通过点状符号的形状、色彩和大小等表示不同的类型和不同的等级；线状要素可以通过线状符号的线划类型、粗细和色彩等表示不同的类型和不同的等级；面状要素可以通过不同的面状图案或色彩，包括色彩的亮度、饱和度和色度的差别来表示不同的类型和不同的等级。

　　无论是点状要素、线状要素还是面状要素，它们的符号都可归于以下三类：单一符号、分类符号、渐变符号。

　　单一符号就是采用统一大小、统一形状、统一颜色的点状符号、线状符号或面状符号来表达地理要素，而不考虑要素本身在质量、数量和大小等方面的区别。

　　分类符号是根据数据层要素的属性值来设置地图符号的。具有相同属性值的要素采用相同的符号，而属性值不同的要素采用不同的符号。

　　渐变符号则是将要素属性值按照一定的分级方法分成若干个级别，然后用不同的颜色表示不同的级别。通常，颜色的选择取决于制图要素的特征，随着分级数值由小到大或是级别由低到高，色彩往往是逐渐变化的。

　　数据符号化在【图层属性】→【样式】窗口中进行操作，如图 4-29 所示。

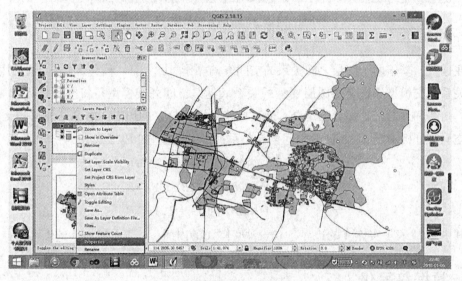

图 4-29　调整加入的数据样式

　　下面分别从点、线、面要素对各类符号化进行介绍。

4.4.1　点要素的符号化

　　对点要素进行符号化，主要包括单一符号和渐变符号两种。设置单一符号，主要是对符号的样式、单位、颜色、大小、透明度、旋转角度等做变化，如图 4-30 所示。在操作时，打开图层属性，在左侧的样式栏中设置相关的样式、大小、透明度等参数，随后用随机颜色为点要素符号分类，具体操作如下：

　　①在对话框顶部的下拉框内选择【已分类】，如图 4-31 中的步骤 1 所示。

　　②选择分类依据，即选择一个属性列，点要素将按照该属性的不同值来分类，如图

4-31 中的步骤 2 所示。

③选择颜色渐变类型为"随机颜色"，点击对话框中的【分类】按钮，分类结果将显示在对话框中供用户预览，如图 4-31 中的步骤 3 和步骤 4 所示。

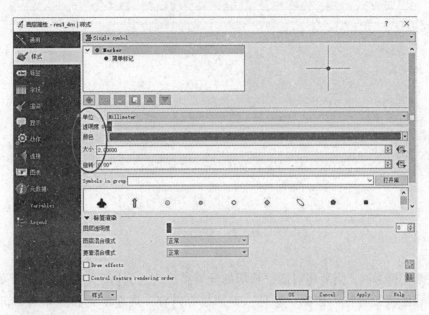

图 4-30　点要素单一符号

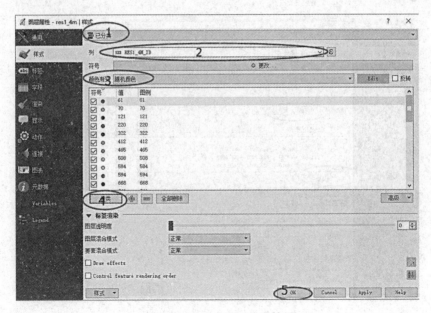

图 4-31　点要素设置分类符号

④点击【OK】按钮完成分类，如图 4-31 中的步骤 5 所示，得到如图 4-32 所示的分类

结果。

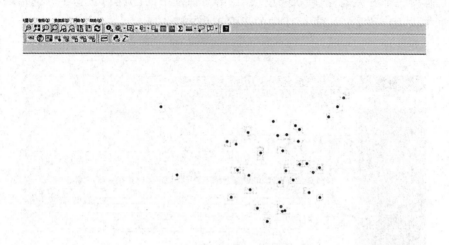

图 4-32   显示效果

设置渐变符号时，需要将对话框顶部的分类类型改选为【渐变】，之后按照如图 4-33 所示的步骤依次设置分类依据、颜色、类别数等内容，最终得到如图 4-34 所示的分类结果。

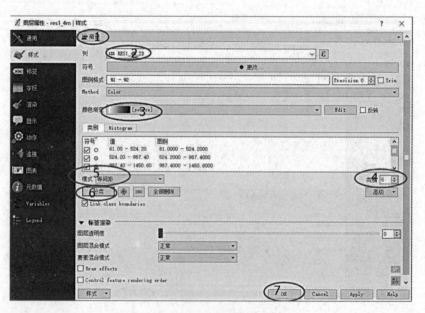

图 4-33   点要素设置渐变符号

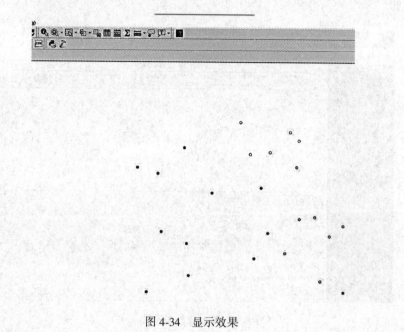

图 4-34 显示效果

4.4.2 线要素的符号化

线要素的符号化与点要素的符号化类似，也分为单一符号和渐变符号两类，如图 4-35 所示。设置线要素单一符号的方法与点要素的完全相同，这里不作赘述，读者可按照如图 4-36 所示的步骤进行操作。

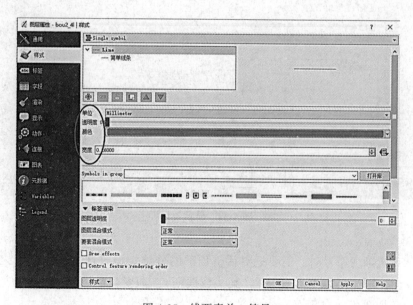

图 4-35 线要素单一符号

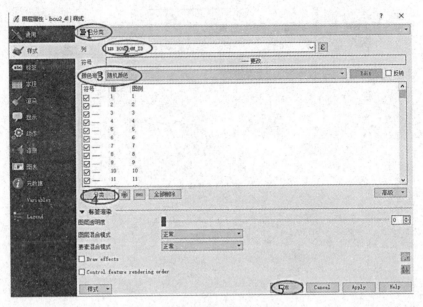

图 4-36　线要素设置分类符号

按照如图 4-36 所示的步骤依次设置分类依据、颜色、类别等内容，最终得到如图 4-37所示的分类结果。

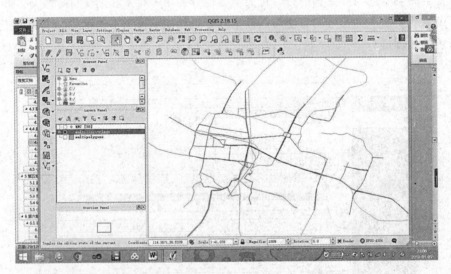

图 4-37　显示效果

线要素设置渐变符号时，需要把对话框顶部的分类类型改选为【渐变】，之后按照如图 4-38 所示的步骤依次设置分类依据(某一数据列)、渐变颜色、类别数、分类模式等内容，最终得到如图 4-39 所示的分类结果。

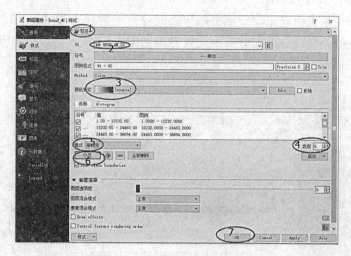

图 4-38　线要素设置渐变符号

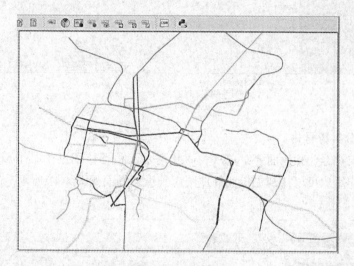

图 4-39　显示效果

4.4.3　面要素的符号化

一般而言,面要素符号化包括三种方式:

①面要素单一符号化;

②面要素分类符号化;

③面要素分级符号化。

在面要素的符号化中,对于重点关注要素,一般采用多种方式结合进行渲染符号化,以期突出及对比图面要素的相关信息。

1. 面要素单一符号化

面要素单一符号化相对比较简单，用户能改变符号的样式-填充、颜色、大小、透明度等，而不能进行分级或分类的渲染。设置界面如图 4-40 所示，其结果就是该图层要素都是统一的符号样式。

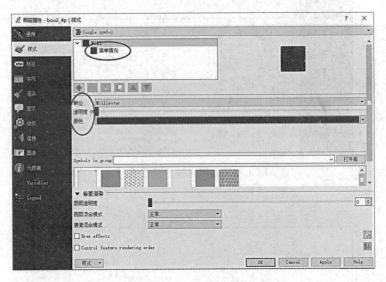

图 4-40　面要素单一符号

2. 面要素分类符号化

面要素分类符号化相比面要素单一符号化增加了根据该图层中某个属性值(列)进行分类渲染，这样用户可以得到更专业的地图。其设置界面如图 4-41 所示。

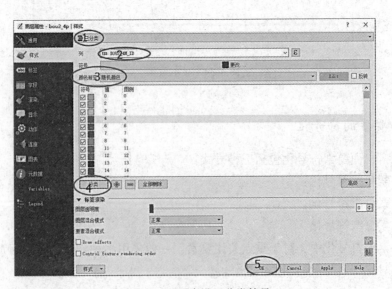

图 4-41　面要素设置分类符号

按照图 4-41 设置完，用户可以得到如图 4-42 所示的面要素分类渲染效果，该效果根据某一个属性值进行分类，得到了对比性更强的地图内容。

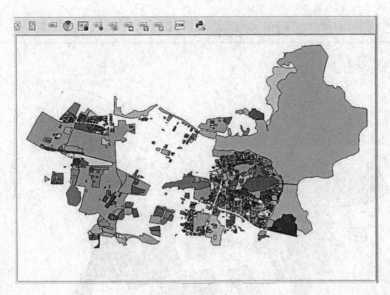

图 4-42 显示效果

3. 面要素分级符号化

面要素分级符号化是将该图层某一个属性值所包含的数值范围作为一个渲染区间，在该区间进行若干等级的设置，不同等级的要素用不同的样式进行渲染，在地图中就得到了按等级区分的渲染结果。其设置界面如图 4-43 所示。

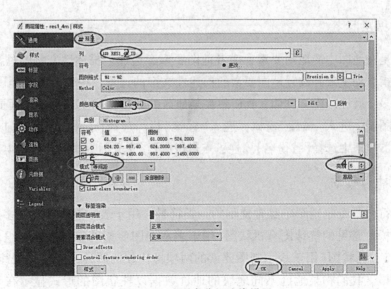

图 4-43 面要素分级渲染设置

按照图 4-43 设置完，用户就可以得到如图 4-44 所示的面要素分级渲染（渐变符号）效果的地图。

图 4-44　显示效果

4.4.4　数据层标签

标签就是在地图中的地图要素上或者地图要素旁边加上描述性文字的过程。在 QGIS 中标签主要指自动生成并放置地图要素的描述性文字的过程。一个标签是地图上的文本，它由一个或多个属性产生，例如，我们想在某地区的矢量地图上显示各个面要素的名称，则右键点击图层，进入"属性"窗口，进入"标签"栏，选择【showlabelsforthislayer】，然后在参考属性下拉框中选择【省份名】属性，点击【OK】，完成标签加载，如图 4-45 所示。

4.4.5　统计图符号

统计图符号是专题地图中经常使用的一类符号，用于表示制图要素的多项属性，如定点统计指标。常见的统计图有饼状图（用于表示制图要素的整体属性与组成成分之间的比例关系）、柱状图（用于表示制图要素的两项可比较的属性或者变化规律）、文本图表等。在这里，我们将某地区不同地块的地价数据以柱状图的形式显示在地图的相应位置上。

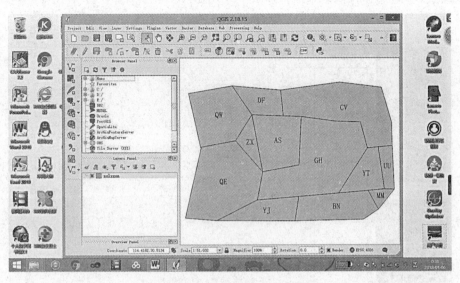

图 4-45　省份名属性标签加载

①右键点击图层，进入"属性"窗口，进入"图表"栏。在顶上的图表类型下拉框中选择柱状图，点击左边的"属性"，指派属性设置为"Prize"，如图 4-46 所示。

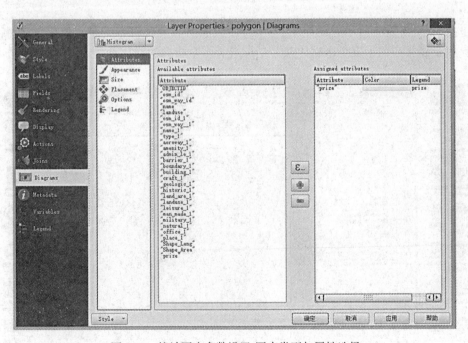

图 4-46　统计图表参数设置-图表类型与属性选择

②点击【Size】，在"属性"下拉框中选择"Prize"，在"Maximum value"右边点击【Find】

按钮在属性数据中寻找图表最大值，如图 4-47 所示。

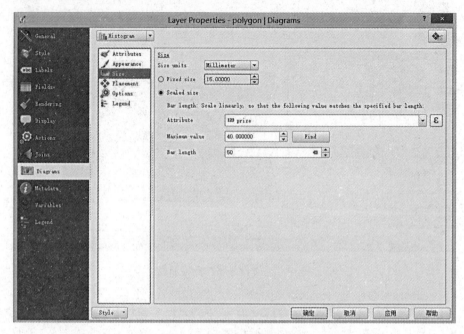

图 4-47 统计图表参数设置

③点击如图 4-47 所示界面中的【确定】即生成所需统计符号，显示效果如图 4-48 所示，该效果经常应用于多个区域中某个指标或者多个指标的对比分析。

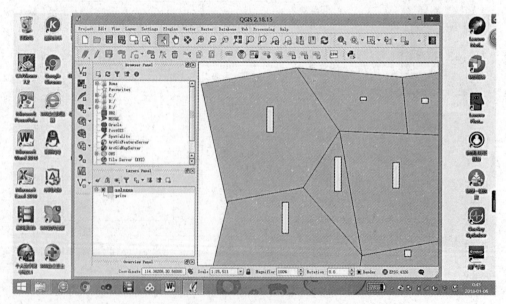

图 4-48 生成统计符号显示

4.5 本章小结

    本章主要介绍了 QGIS 中数据加载、数据浏览、数据查询以及数据符号化操作，是一些 GIS 软件的通用功能，在 ArcGIS 中也都有对应的功能模块，当然 QGIS 在某些地方也有自己的特色，比如它支持更多的数据格式，另外，在栅格处理方面，QGIS 中提供了更多种插值方法，拥有更多的过滤选项。在符号化方面，QGIS 有一些看起来比较高级的符号，比如文字签注边缘带有缓冲区，这样看起来更加美观，等等。然而在地理统计方面，QGIS 目前的功能可以说还是相对单一。

第5章 数据更新

对于 GIS 系统而言，数据是基础。因此，系统需要定期或不定期的数据更新，以服务应用需求。本章介绍 QGIS 软件系统中的数据编辑更新功能，包括要素的编辑、属性字段及内容的编辑等。

5.1 启动编辑

启动编辑时，打开目标图层，然后点击工具条上或属性表内工具条上的 ⏴ 按钮，接下来就可以在对应字段双击鼠标左键进行编辑了。当然在图层中直接进行编辑操作也是可以的。

5.2 要素属性编辑

①开启 QGIS，加载 tmp. shp。
②在地图上选中欲编辑的要素(选中的要素会高亮显示)，并打开属性表，在需要编辑的属性字段处进行编辑处理。

如图 5-1 所示，矩形框内是选取的需要编辑的要素字段，箭头指向的点是地图上对应的要素。

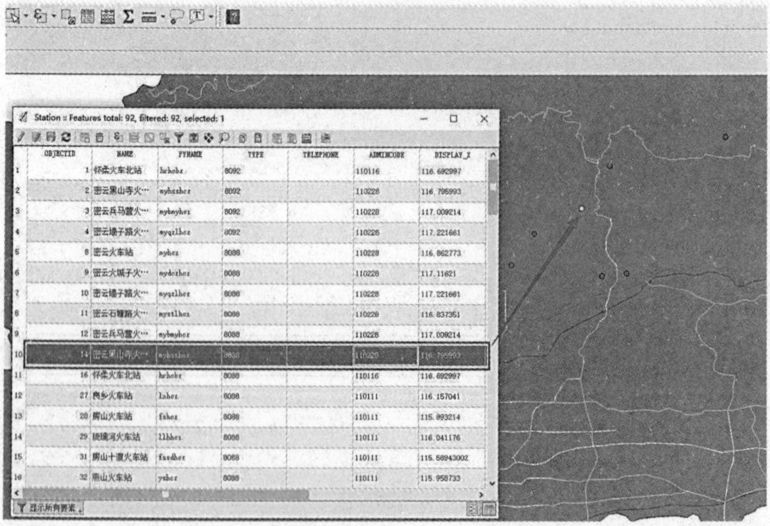

图 5-1　修改图层属性

③修改完成后保存编辑结果。

5.3 要素编辑

表 5-1 列出了 QGIS 中要素编辑的相关功能，本节将会对表中所列的要素编辑操作做详细介绍。

表 5-1 要素编辑功能说明

工具	作用	操作说明
	新增点要素	点击鼠标左键，点击图面，鼠标右键结束
	新增线要素	点击鼠标左键，点击图面，鼠标右键结束
	新增面要素	点击鼠标左键，点击图面，鼠标右键结束
	新增环形	先选取要素，在要素内画一个多边形，按右键结束
	新增岛形	先选取要素，在要素外画一个多边形，按右键结束
	分割要素	用线段直接切割要素，点击图面切割某一要素，按右键结束
	移动要素	游标在要素上，点击鼠标左键拖拉，便可移动要素
	移动转折点	游标在要素的转折点上，点击鼠标左键拖拉，便可移动要素
	删除要素	先选取要素，点击该按钮删除
	剪切要素	先选取要素，点击该按钮剪切
	复制要素	先选取要素，点击该按钮复制
	粘贴要素	先选取要素，点击该按钮粘贴
	选择要素	点击该按钮后，鼠标左键点击图面选取要素

1. 启动图层编辑

加入向量图层"tmp. shp" ，启动图层编辑 ，如图 5-2 所示。

2. 绘制一个新要素

按鼠标左键点击图面，按右键结束后，出现"输入属性值"对话框，若没有要输入的

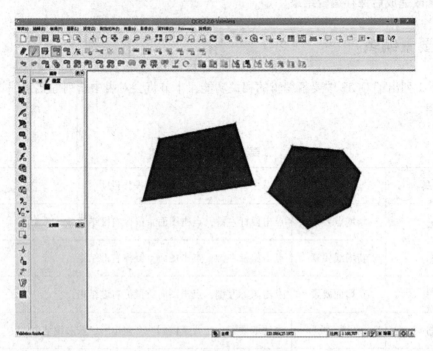

图 5-2　加入练习 shapefile 图层

属性值，则可以按【确定】略过，如图 5-3 所示。

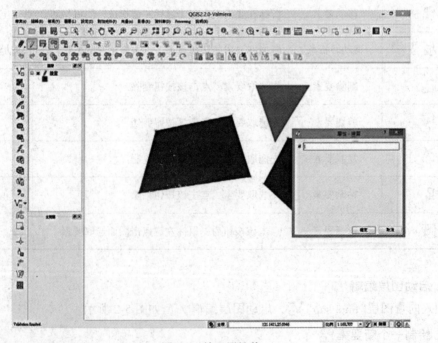

图 5-3　输入属性值

3. 移动转折点

先点选移动转折点 $\nless$ ，将游标放在要素的转折点上，按鼠标左键拖拉，便可移动转折点，如图 5-4 所示。

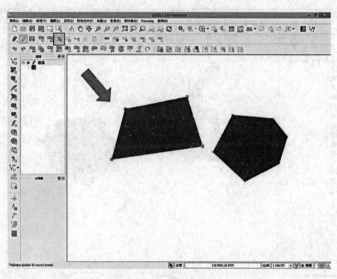

图 5-4　移动转折点

4. 新增转折点

点选节点工具，将游标放在要素的某一线段上，按鼠标左键连续点击两下，就可以新增转折点，如图 5-5 所示。

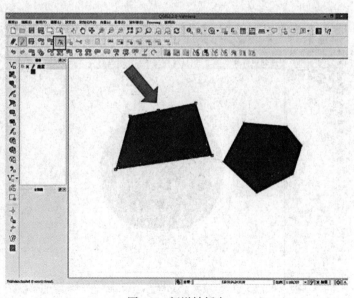

图 5-5　新增转折点

5. 删除转折点

将游标放于想要删除的节点上，点击鼠标左键，节点将转为蓝色，此时按下【Delete】键即可删除转折点，如图 5-6 所示。

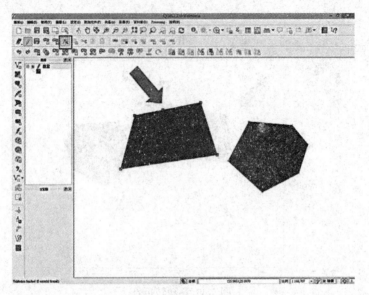

图 5-6　删除转折点

6. 新增环形

首先选取目标要素，之后按【新增环形】图标，在图幅的范围内用鼠标左键点击绘图，最后按右键形成封闭曲线。图 5-7 和图 5-8 展示了环形的生成过程。

图 5-7　新增环形操作前的目标要素

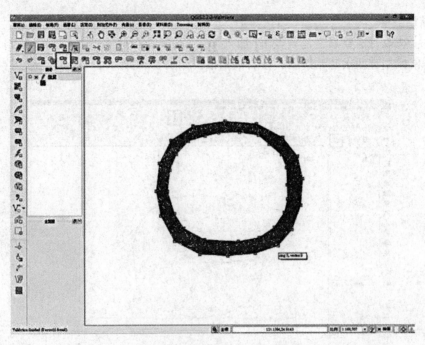

图 5-8　新增环形操作后的结果

若在工具栏内没有找到【新增环形】按钮，可在工具栏空白处按鼠标右键，在弹出的工具列中点选"进阶数位化"，使这一项前的方框状态呈现■，如图 5-9 所示。此时，工具栏中就会出现【新增环形】等系列按钮了。

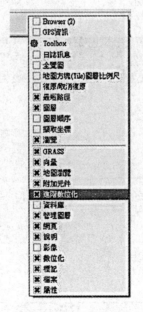

图 5-9　选择工具列使新增环形功能出现

7. 新增部件

首先，选取目标要素，之后点击【加入部件】图标，在原本的要素附近绘制一个新要素，点击鼠标左键两次开始绘图，按右键结束，如图 5-10 所示。

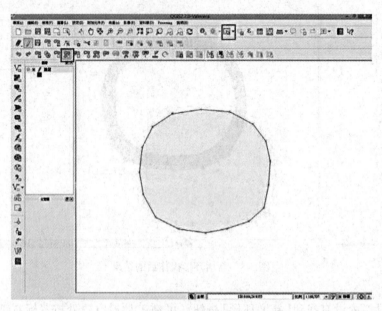

图 5-10　新增部件操作前的目标要素

这两个要素虽然在空间位置上是两个不同的图形，但在地理意义上却属于同一个要素，共有一个属性，如图 5-11 所示。

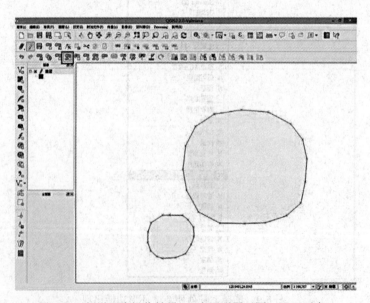

图 5-11　新增要素操作结果（两个图形属于同一地理要素）

8. 分割要素

首先选取目标要素，之后点击【图面切割】按钮，用线段直接切割要素，点击图面切割某一要素，按右键结束，如图 5-12 所示。

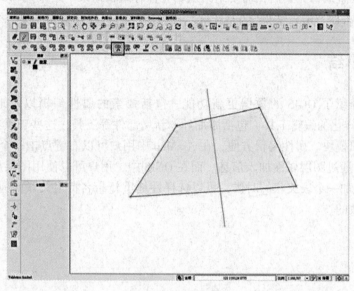

图 5-12 分割要素

9. 移动要素

如图 5-13 所示，首先选取待移动的要素，之后在工具栏上点击 【移动要素】按钮，移动要素至目标位置即可。

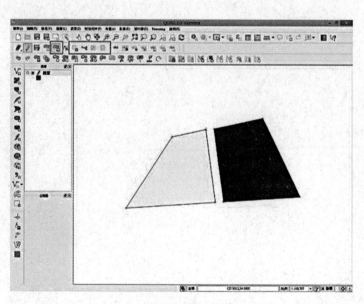

图 5-13 要素移动

5.4 结束编辑

在用户对要素编辑完毕后，需要结束编辑并保存编辑结果。结束编辑时点击 $\mathscr{Z}$ 按钮，此时会出现"是否储存编辑结果"的对话框，选择【储存】以保存编辑结果。

5.5 本章小结

本章主要介绍了 QGIS 的数据更新功能，包括要素的属性编辑以及地图操作编辑。QGIS 提供了多样化的编辑工具，包括添加环、新增部件等工具，这些工具在 ArcGIS 软件中归为高级编辑模块。属性编辑方便，在 ArcMap 中用户可以右键点击一个图层并且选择【join】，也可以通过图层属性加入信息。而在 QGIS 中，用户可以使用图层属性加入表格，当在 QGIS 中添加一个表关联的时候，可以选择性地重新命名特定关联的前缀，对于复杂关联这是很有效的。

第6章 QGIS 制图与输出

本章将介绍如何使用 QGIS 制作专题地图并输出。GIS 空间分析的结果一般都要通过制图输出来呈现给用户。在使用符号编制地图之前，用户需要根据地图预期的打印或者出版效果，来考虑以下几个问题：

①输出的地图是单幅地图还是地图集。

②地图打印版本的大小、页面的方向。

③地图中的标题、指北针、比例尺该如何表示，如何更好地组织页面上的地图元素。

6.1 设置制图版面

当用户打印或者导出一幅地图时，需要新建一个规划好地图大小的打印版面，然后在打印版面上进行操作。QGIS 制图可以根据用户需要修改页面的大小。用户可以在版面和打印设置中设置页面大小、页面方向、地图底色等。

6.1.1 新建打印版面

在地图制图之前先在 QGIS 中打开需要制图输出的地图文件，然后在菜单栏中单击 ⊡ 【新建打印版面】图标，再输入打印版面的名称，就完成了新建打印版面的操作，如图 6-1 所示。

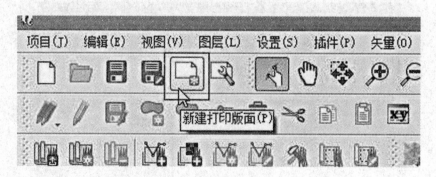

图 6-1　新建打印版面

如图 6-2 所示是新建的打印版面。打印版面主要由菜单栏、工具栏、属性栏、视图区、状态栏等部分组成。该版面提供了许多地图制图的功能，使用这些功能可以实现普通的制图输出。

101

图 6-2　打印版面

6.1.2　设置版面大小与底色

在正式出版地图之前,首先需要对版面进行设置。按照地图的用途、比例尺、打印机或绘图机的型号,设置版面尺寸,也就是纸张大小和方向。纸张大小和方向对于地图要素比例尺、符号尺寸、注记大小等都有影响,因此设置版面大小是地图编制过程中的重要环节。此外,为了使制作的地图美观友好,QGIS 还提供了设置版面底色的功能。

如图 6-3 所示,在界面右侧属性栏点击【结构】,可以显示出"纸张和质量"、"向导和网格"。在预设参数中包含一般的制图大小,默认为 A4(210×297mm)。用户可以根据出图要求选择不同大小的纸张。同时,用户可以设置亮度、高度、单位、纸张数量、纸张方向、页面背景、导出分辨率等属性。

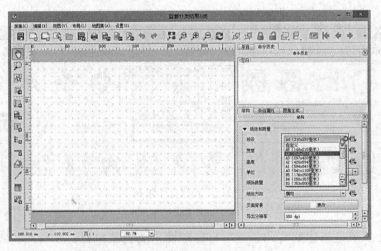

图 6-3　打印版面设置

为了使版面美观友好，用户可以设置页面背景。如图 6-4 所示，系统提供了 7 种样式，用户也可以自己定义不同颜色的背景或者使用用户图片作为背景。

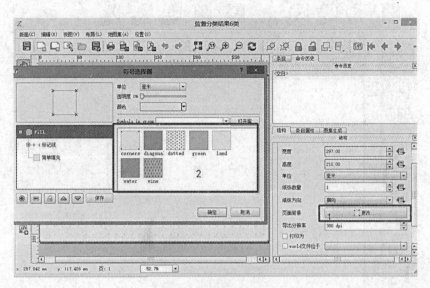

图 6-4 设置页面底色

6.2 添加制图数据

如果一幅 QGIS 输出地图包含若干数据组，就需要在打印版面中直接操作数据，这些操作包含添加数据组、复制数据组、调整数据组尺寸以及生成坐标网格等。

6.2.1 添加制图数据组

在 QGIS 打印版面中，许多功能的实现都有两种途径：一种是通过菜单栏下拉列表选择相关功能，如图 6-5 所示，另一种是直接使用工具栏实现特定功能如图 6-6 所示。在使用工具栏时应该确保在视图中勾选所需功能的按钮。在此我们仅介绍使用工具栏中的工具按钮实现相关功能的操作。

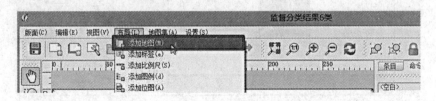

图 6-5 下拉功能列表

添加制图数据可以同样使用两种方式实现。点击 【添加新地图】按钮，然后鼠标变

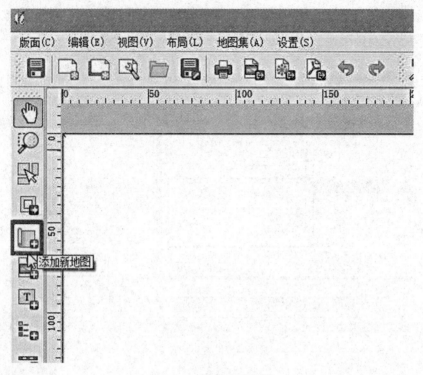

图 6-6　工具栏功能按钮

成十字丝形状，拖动鼠标在视图区选择区域，放开鼠标即可完成添加制图数据。如图 6-7
所示，数据将显示在视图区域内。

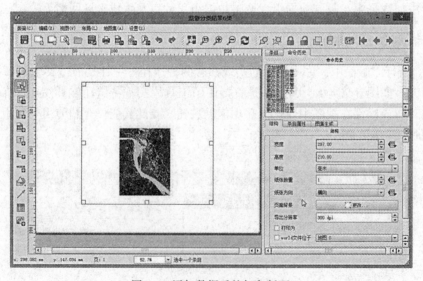

图 6-7　添加数据后的打印版面

6.2.2 复制制图数据组

复制数据组可以直接将数据从一个打印版面复制粘贴到另一个打印版面。在需要复制的打印版面菜单栏的【编辑】菜单下拉列表中选择【复制】，也可以直接选择版面数据，使用 Ctrl+C 键实现复制，如图 6-8 所示。

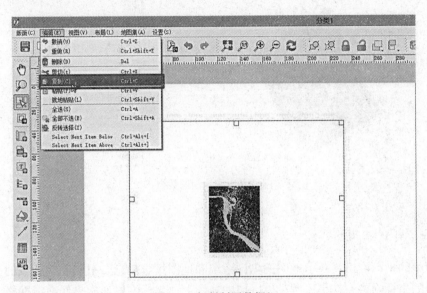

图 6-8 复制制图数据组

在被粘贴的打印版面菜单栏的【编辑】菜单下拉列表中选择【粘贴】，实现复制粘贴。粘贴后可以看到属性栏条目下多出了复制的地图，如图 6-9 所示。

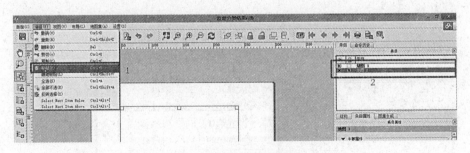

图 6-9 粘贴制图数据组

6.2.3 旋转制图数据组

在实际应用中，有时候可能会对输出的制图数据组进行一定角度的旋转，以满足某种制图效果。当然，对制图数据的旋转，只是对于输出图面要素进行的，并不改变所有对应的原始数据层。

用鼠标点击地图，然后在右侧的属性栏中选择【条目属性】。在【地图旋转】处输入需要旋转的角度，如图 6-10 所示。除此功能外，还可以设置制图数据的显示比例、范围、栅格、鹰眼图、位置和大小、边框、背景、渲染等功能，此处不多介绍，读者可根据自己的兴趣探索。

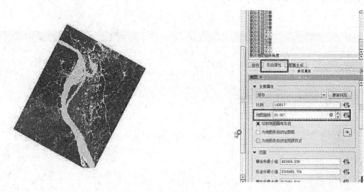

图 6-10　旋转制图数据

6.2.4　绘制坐标网格

地图中的坐标网格反映了地图的坐标系统和地图投影信息。根据制图区域的大小，有不同类型的坐标网格。在小比例尺大区域的地图上，坐标网格通常是经纬线网格。在中比例尺中区域地图上，通常使用投影坐标网格，又叫公里格网。在大比例尺小区域地图上，则采用公里格网或者参考格网。

在 QGIS 打印版面的视图下拉列表中选择【显示网格】，则可显示坐标网格，如图 6-11所示。

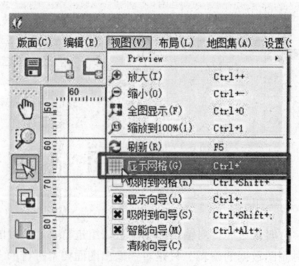

图 6-11　显示坐标网格

坐标网默认情况下是虚线，用户可以根据需要设置网格的外观。在菜单栏中中点击【设置】，在下拉框中点击【版面选项】，弹出如图 6-12 所示的对话框。在这个对话框中可以设置网格的颜色、间距、偏移等属性。

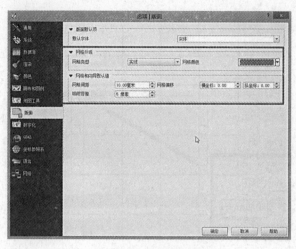

图 6-12 设置网格属性

6.3 添加辅助要素

QGIS 软件中提供了多种用于地图输出编辑的辅助要素，如矩形、三角形、椭圆、箭头等几何体、位图、属性表以及 HTML 框架等。

6.3.1 几何体

在左侧的工具栏中点击 按钮，选择想要画的形状，然后在视图区的对应区域拉框即可实现，如图 6-13 所示。这里可供选择的形状有矩形、三角形和椭圆等。

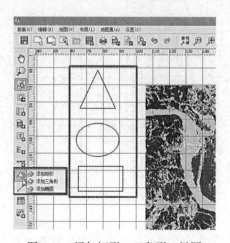

图 6-13 添加矩形、三角形、椭圆

点击右侧的 ✐【添加箭头】按钮可以在地图上添加箭头。由于 QGIS 打印版面中没有提供指北针，可以用箭头代替。在添加箭头时需要注意箭头指向绘制结束的方向，如图 6-14 所示。

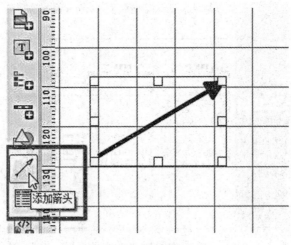

图 6-14　添加箭头

6.3.2　位图、属性表、HTML 框架

为了使专题地图表达更多有用的信息，QGIS 中还提供了添加位图、属性表以及 HTML 框架等功能。位图是指 PNG 格式的图片，点击 ▤【添加位图】按钮可以实现，如图 6-15 所示。位图可以是一幅新的地图或者是用户想要添加到地图中的 PNG 图片。

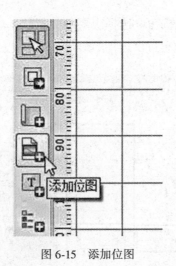

图 6-15　添加位图

点击 ▤【添加属性表】按钮可以添加制图数据组的属性，如图 6-16 所示。属性表指的

是专题地图中数据的属性，如果没有属性可以在右侧的属性栏中添加属性。

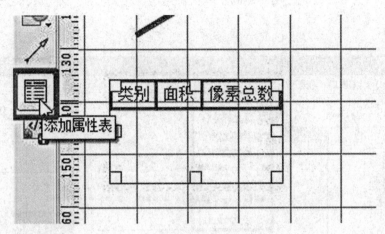

图 6-16　添加属性表

点击 【添加 HTML 框架】按钮可以将地图要素绑定上 HTML 文件，点击绑定的地图要素便可以打开该 HTML 文件，如图 6-17 所示。

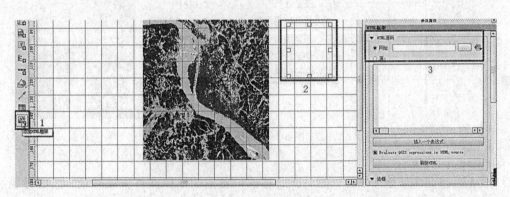

图 6-17　添加 HTML 框架

6.4　地图整饰

一幅完整的地图除了包含反映地理数据的线划以及色彩要素以外，还必须包含与地理数据相关的一系列辅助要素，如图名、比例尺、图例、指北针、统计图表等。在 QGIS 中，用户可以通过地图整饰操作来管理上述的辅助要素。

6.4.1　添加和修改图名

几乎所有的地图都有图名，图名直观地反映了地图的专题，并提供引用地图的一种方式，在 QGIS 中用户可以对图名进行添加和修改操作。在本节中地图整饰的实现同样可以通过两种方式来进行。一种如图 6-18 所示，使用菜单栏中的布局菜单，该菜单下包含所有的布局要素。另一种就是使用左侧的工具栏快速实现相关功能。本节我们采用后一种操作方式。

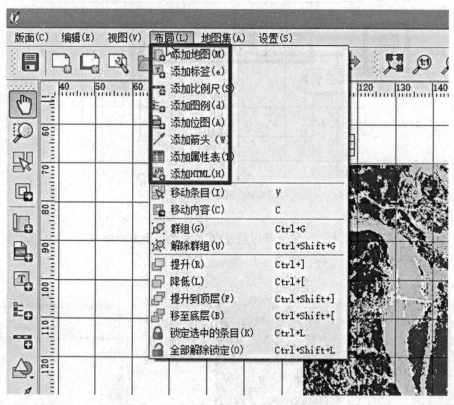

图 6-18　布局菜单

点击 按钮添加地图标题，然后在合适的位置拖动鼠标即可生成标题。生成标题后可以对标题进行设置。点击插入的标题，在右侧属性栏的【条目属性】中可以输入用户想要输入的图名，并且可以设置字体、字号、颜色和位置等属性，如图 6-19 所示。

6.4.2　添加和修改图例

用户可以使用图例告诉读者地图上使用的各种符号的含义。图例包括地图上出现的符号及其相关的解释性的文字标注。当用户使用单个符号标识图层中的要素时，图例中就要用图层的名称来标注该图层。当用户使用多种符号来表示某个图层的要素时，用来对要素进行分类的字段就成为了图例的标题，而每个类型用其各自的字段值来标注。图例通常包含两部分，一部分是用于表达地图符号的点、线、面符号，另一部分是对地图符号含义的标注和说明。

在左侧的工具栏中点击 【添加新图例】按钮，然后鼠标变成十字丝，在视图区域左

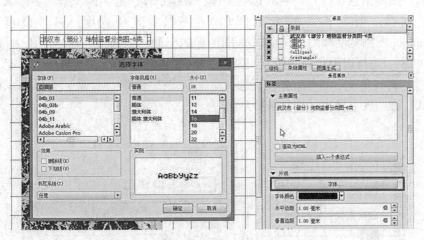

图 6-19 设置图名属性

键拖动鼠标，即可在视图区生成与专题图对应的图例，如图 6-20 所示。拖动图例以移动图例到合适的位置。

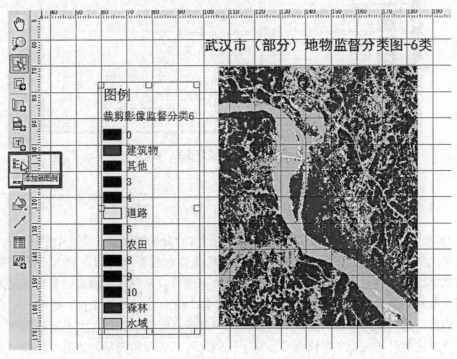

图 6-20 添加图例

添加图例后，在右侧的属性栏处点击【条目属性】，对图例的一些信息进行编辑，如图 6-21 所示。条目属性包括主要属性(标题、标题对齐方式、地图、执行符)，图例条目

（自动更新、图例信息显示），字体(标题字体、亚组字体、组字体、条目字体以及字体颜色），列（列数、列宽相等和分割图层），符号（符号宽度、符号高度），WMS LegendGraphic(图例宽度和图例高度)，间距(标题空间、组间距、亚组间距、符号间距、图标标签间距、边框边距和列间距)，位置和大小(页、横坐标、纵坐标、宽度、高度以及参考点)，旋转角度、边框(边框颜色、厚度、连接样式)，背景，条目标识符，渲染(混合模式、透明度、导出时排除条目)等信息。

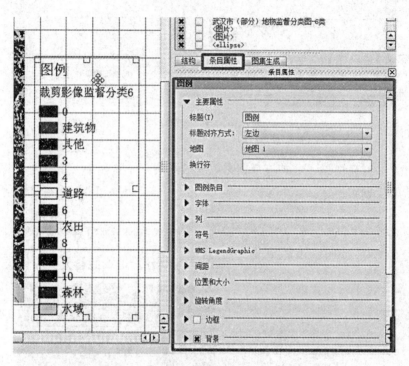

图 6-21 图例属性设置

6.4.3 添加和修改比例尺

在 QGIS 中，提供了多种样式的比例尺，它们大致分为两类：一类是比例尺条，另一类是文字比例尺。比例尺条提供了用户地图显示的要素及要素之间距离大小的可视化指标，而文字比例尺表明了在地图及地图上要素的比例尺。系统默认添加的是比例尺条。一个比例尺条是一条有宽度的线，它被划分为若干部分并标注了地面长度，通常显示为地图单位的倍数。用户在进行地图缩放的时候，比例尺条能够保持比例尺大小的正确性。用户也可以更改比例尺样式为文字比例尺，文字比例尺可以告诉用户每个地图单位表示多少地面单位，如地图上的 1 厘米等于地面上的 1000 米。用户很多时候会同时使用比例尺条和文字比例尺来表示地图比例尺。

点击左侧工具栏 【添加新比例尺】按钮，然后在视图区适当位置处点击即可添加比例尺，如图 6-22 所示。

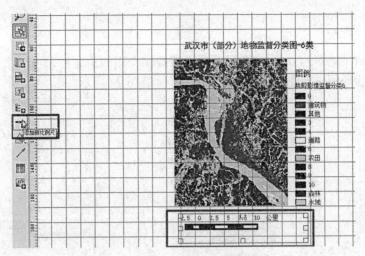

图 6-22　添加比例尺

　　添加比例尺后，可以对比例尺属性进行修改。点击比例尺，然后在右侧属性栏的【条目属性】处设置比例尺的属性信息，如图 6-23 所示。属性信息包括主要属性(地图，样式：单框、双框、刻度与线条交叉、刻度位于线条下方、刻度位于线条上方、文字)，单位，片段，显示(方框边距、标签边距、线条宽度、连接样式、端点样式、对齐)，字体和颜色(字体、字体颜色、填充颜色、次要填充颜色、描边颜色)，位置和大小(页、横坐标、纵坐标、宽度、高度以及参考点)，旋转角度，边框(边框颜色、厚度、连接样式)，背景，条目标识符，渲染(混合模式、透明度、导出时排除条目)等信息。

图 6-23　比例尺属性

6.4.4　添加指北针

指北针指示了地图的方向，在 QGIS 中没有提供专用的指北针，可以使用箭头工具绘制指北针，然后使用添加注记功能注记北方向，如图 6-24 所示。

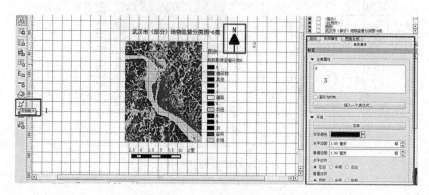

图 6-24　添加指北针

6.4.5　排列地图要素

用户在 QGIS 的打印版面中添加众多的地图要素之后，页面布局会显得非常混乱，这时可以使用 QGIS 提供的工具栏中的要素排列功能将添加到版面视图中的要素进行重新排列，使整个版面变得美观有序。

QGIS 提供的排列功能主要有右对齐、左对齐、居中对齐、顶部对齐、垂直居中对齐、底部对齐等。

在地图视图中按住 Shift 键，依次单击每个需要重新排列的地图要素，选择需要进行排列的操作，即可对地图要素进行排列，如图 6-25 所示。

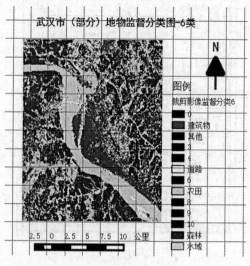

图 6-25　地图排列

6.5 地图的打印与输出

用户经常通过两种方式将编制好的地图输出：一种是通过打印机或者绘图仪将编制好的地图打印输出；另一种是将编制好的地图转换为 pdf、bmp、jpg、tif 等格式的图片，存储到磁盘中。

6.5.1 地图打印

用户在打印编制好的地图之前，可以通过打印预览功能确定地图页面的布局是否满足要求，如果将要打印的地图小于用户的打印机页面大小，可以直接打印或者选择更小的页面进行打印。如果大于打印机的页面大小，用户可以改变打印机的页面大小或者改变地图页面的大小。

用户可以点击工具栏的 ⊕【打印】按钮进行打印，也可以使用版面菜单栏下的"打印"功能，或者使用 Ctrl+P 快捷键进行打印，如图 6-26 所示。

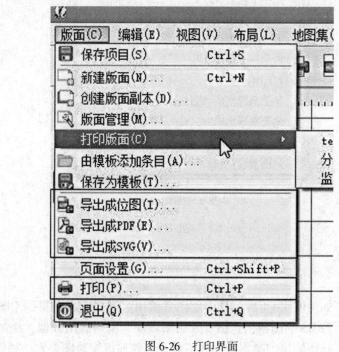

图 6-26　打印界面

6.5.2 地图导出

用户可以使用地图导出功能将编制好的地图文件转换为另一种文件格式的文件，用户可以通过工具栏中的【导出为位图】、【导出为 SVG（V）】、【导出为 PDF】按钮实现地图导出，如图 6-27 所示。

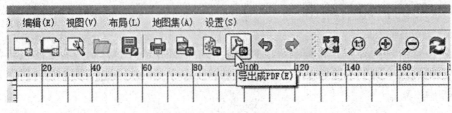

图 6-27　导出地图为 PDF

除了以上功能外，QGIS 还提供了对地图集的操作，如图 6-28 所示，包括预览地图集、打印地图集、地图集导出以及对地图集进行设置等功能。此处不再一一介绍，读者可以根据兴趣自己探索。

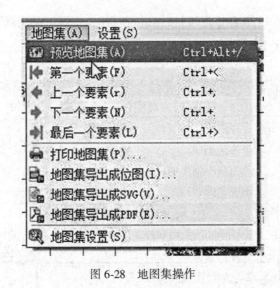

图 6-28　地图集操作

6.6　本章小结

在本章中介绍了如何使用 QGIS 制作专题图并输出。制图输出是得到 GIS 分析最终结果的关键步骤。使用 QGIS 制图输出包括设置制图版面、添加制图数据、添加辅助要素以及地图整饰等操作。制图输出的基本操作并不难，但如何组织地图要素、如何搭配地图色彩、如何让地图美观易读则是一个需要深入思考的问题。

第7章 PostGIS 空间数据管理

PostGIS 是 PostgreSQL 的空间数据引擎，它增强了空间数据库的存储管理能力。PostGIS 最大的特点就是对 OpenGIS 规范的完全支持，它在空间数据上的管理能力，就相当于 Oracle 的 Spatial 模块。PostGIS 提供如下空间信息服务功能：空间对象、空间索引、空间操作函数和空间操作符。PostGIS 是由 Refractions Research 公司发起开发的。利用 PostGIS 对空间数据进行管理。本章主要介绍 PostgreSQL 基本操作、利用 QGIS 实现空间数据的导入导出、使用 SQL 建立 PostGIS 空间数据库以及利用 QGIS 管理 PostGIS 空间数据库。

7.1 PostgreSQL 基本操作

安装 PostgreSQL 以后，电脑上会多出一些快捷方式。其中主要的是 pgAdmin*，本章介绍的是 pgAdmin4，本节中将介绍 pgAdmin4 的基本操作。

7.1.1 pgAdmin4 介绍

pgAdmin4 是随 PostgreSQL9.6 推出的新一代 PostgreSQL 管理工具。pgAdmin4 默认是以 python 的 server 端和 qtwebkit 的客户端的组合但桌面工具发布的，README 中也说了可以以独立的 Server 模式运行。

打开 pgAdmin4 程序，在目录树下选择要连接的服务器，点击服务器前方的"+"或者鼠标放于服务器上并右键单击选择"连接到服务器"，弹出输入密码对话框，输入前期安装 PostgreSQL 时设置的密码，即可连接到之前的数据库服务器上，如图 7-1 所示。

主窗口显示如图 7-1 所示，包括导航菜单栏、浏览器、内容视图。下面分别介绍各个功能区域。

1. 导航菜单栏

①文件：更改密码、首选项、重置布局。其中，首选项可以对 pgAdmin4 的属性进行设置。首选项包括 SQL 编辑器(显示、解释、选项)，仪表板(图标)，存储(选项)、杂项(userlanguage)，浏览器(显示、节点)，调试器(显示)，路径(二进制路径、帮助)。

②对象：创建、刷新、删除/移除、连接服务器、CREATE 脚本、断开连接服务器、属性。

③工具：查询工具、重新加载配置、暂停 WAL 重演、继续 WAL 重演、添加命名还原点、导入/导出、维护、备份、备份服务器、备份全局、还原中、格兰特向导。

④帮助：在线帮助、pgAdmin 主页、PostgreSQL 网站、About pgAdmin4。

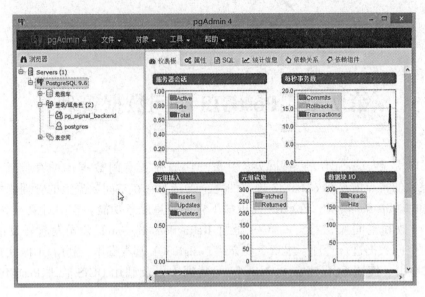

图 7-1　连接到数据库服务器后主窗口

2. 浏览器

浏览器下主要包括服务器目录树。服务器下包含用户使用的服务器，服务器下又包括数据库、登录/组角色、表空间。其中，数据库包括：事件触发器、外部数据包装、强制转换、扩展、模式、目录、语言等。

3. 内容视图

内容视图包括仪表板、属性、SQL、统计信息、依赖关系、依赖组件。

①仪表板视图：服务器会话框，每秒事物数，元组插入，元组读取，数据库 I/O，服务器活动(会话、锁、准备事物、配置)。

②属性视图：通常(名称、OID、所有者、注释)，定义，安全，权限。

③SQL 视图：用户在 SQL 视图区域内输入 SQL 语句从而实现对数据库的操作。

④统计信息视图：该视图根据用户在浏览器中目录树的选择实时变化，例如，如果用户在浏览器目录树上点击服务器 PostgreSQL 9.6，统计信息为 PID、用户、数据库、Backend start client、Application、Wait event type、Wait event name、Query、Query start、Xact start。

7.1.2　数据库与表的创建

1. 数据库的创建

选中浏览器中目录树下的数据库，右键选择【创建】→【数据库】，给定数据库名称，如图 7-2 所示。

在新建数据库对话框中，有通常、定义、安全、参数、SQL 等选项卡。通常选项卡包含数据库名称、所有者以及注释；定义选项卡包含编码、模板、表空间、排序规则、字符类型、连接限制；安全选项卡包含权限和安全标签；SQL 选项卡下是 SQL 语句，如创建

图 7-2　新建数据库

一个名为"mytestDB"的数据库并使用选项卡对数据进行设置可以使用以下 SQL 语句实现：

```
CREATE DATABASE "mytestDB"
    WITH
    OWNER = postgres
    TEMPLATE = postgis_23_sample
    ENCODING = 'UTF8'
    LC_COLLATE = 'Chinese (Simplified)_China.936'
    LC_CTYPE = 'Chinese (Simplified)_China.936'
    TABLESPACE = pg_default
    CONNECTION LIMIT = -1;
SECURITY LABEL FOR "LCZ" ON DATABASE "mytestDB" IS '超级管理员';
ALTER ROLE postgres IN DATABASE "mytestDB"
    SET role TO '1';
GRANT ALL ON DATABASE "mytestDB" TO postgres;
```

通过选项卡或者 SQL 语句设置完数据的相关参数后，点击【保存】完成数据库的创建。如果创建空间数据库，选择"定义"选项卡，在模板下拉框中选择之前安装的空间数据库模板（postgis_23_sample），其他选项一般选择默认设置即可。

2. 表的创建

选中模式中的数据表，单击右键，选择【创建】→【表】，如图 7-3 所示。如果只是新建普通的数据表，给定名称，单击【确定】按钮完成创建，特别注意的是新建表时表名与字段要小写，因为 PostgreSQL 不会区分大小写，大写或者大小写混合的会加上双引号。

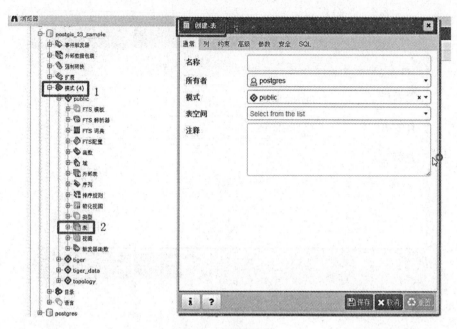

图 7-3　新建数据表

如果创建的是空间数据表，在数据类型选项卡上添加一项 geometry 数据类型的字段，即可成功创建空间数据表，如图 7-4 所示。

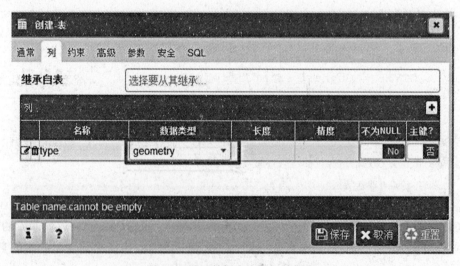

图 7-4　设置数据表为空间数据表

3. 表的修改

右键选中表格，选择【新建对象】→【新建数据表】可以对表进行相应的修改。

4. 表的查询

右键选中所要操作的表查看数据所有行，可以查看并修改该表的数据，注意：想要以表格的形式修改此表，该表必须有主键。

此外，还可以对表根据数据字段进行过滤和排序等操作，比较简单，此处不做介绍，感兴趣的读者可以自己探索。

7.1.3 数据库的备份与恢复

为了提高数据库的可靠性和再难可恢复性，需要对数据库进行备份。在数据库系统崩溃的时候，没有数据库备份就没法找到数据。使用数据库备份还原数据库是数据库系统崩溃时提供数据恢复最小代价的最优方案，如果让客户重新填报数据，那代价就太大了。

在 pgAdmin4 中，右键选择要备份的数据库单击【备份】选项。注意，在备份之前需要在【文件】→【首选项】→【二进制路径】下设置 PostgreSQL 服务器二进制文件路径。用pgAdmin4 可以将数据库备份成自定义、tar、无格式和目录四种格式。自定义和 tar 格式都可以将数据备份成以".backup"为后缀名的格式，但是自定义的压缩率更大；无格式将把数据库保存为 sql 脚本，无法使用"恢复"功能恢复数据库，可以使用 psql 工具恢复；目录格式将把数据库保存为多个 dat 压缩文件和一个 dat 头文件，可用于"恢复"功能，这里将使用自定义格式进行备份，字符编码为 UTF8，角色名称选择 postgres，其他选项一般选择默认，单击【备份】按钮完成备份，如图 7-5 所示。

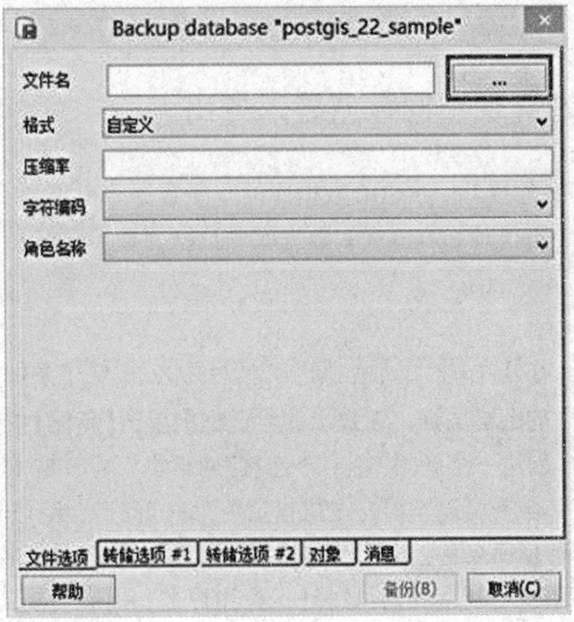

图 7-5 数据库备份

选择需要恢复的数据库，右键选择"恢复"选项用以恢复数据库。在弹出的对话框中，选择"自定义或者 tar"格式，给定备份的路径和文件名，选择数据库的角色名称，单击【恢复】按钮完成数据库恢复，如图 7-6 所示。如果结果返回"1"，表明数据库恢复成功。

图 7-6　数据库恢复

7.2　利用 QGIS 实现空间数据导入导出

PostGIS 作为 QGIS 连接 PostgreSQL 数据库的空间数据库引擎，安装了 PostGIS 后，用户可以直接通过 QGIS 实现对 PostgreSQL 数据库的数据的导入导出。

7.2.1　连接数据库

打开 QGIS 程序，在其左侧"添加数据"工具栏中点击 【添加 PostGIS 图层】按钮，添加 PostGIS 数据库中的图层数据。在弹出的对话框中单击【新建】按钮，创建一个新的数据库连接。在弹出的"创建一个新的 PostGIS 连接"对话框汇总，输入连接信息。本书连接名称为："mypostgis"，服务可以不填，主机指定为"localhost"，端口号默认为"5432"，数据库填写连接的目标数据库名称，SSL 模式默认为禁用，给定用户名和密码(用户名和密码是创建数据库时的用户名和密码)，选择【保存用户名】和【保存密码】。以便每次连接时无需重新输入。单击对话框中的【测试连接】按钮，如果弹出信息提示连接成功，则说明配置信息可以连接到数据库，如果提示连接失败，则说明配置信息有误，需要检查修改，直到连接成功，如图 7-7 所示。

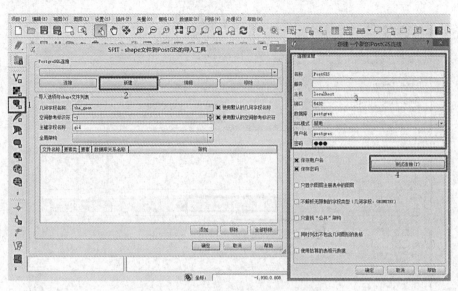

图 7-7 使用 QGIS 连接 PostGIS 数据库

7.2.2 导入导出数据

导入主要有两种：命令法和工具法。命令法的思路是先将 Shapefile 生成 sql 脚本，然后执行脚本导入到数据库中，详见安装 PostGIS，使用 PostGIS 导入 Shapefile 的步骤总结。本书主要介绍工具法：使用 PostGIS 自带工具(PostGIS Shapefile and Dbf Loader Exporter)和 QGIS 在入库时的区别及注意事项。

1. 使用 PostGIS 自带工具(PostGIS Shapefile and Dbf Loader Exporter)入库

在安装目录下打开 PostGIS Shapefile and Dbf Loader Exporter 程序，程序界面如图 7-8 所示，单击 Add File 可以选择需要入库的 Shapefile 文件，可以设置数据库模式(Schema)，数据表的名称(Table，默认为 Shapefile 文件名称)，Geo Column 名称(几何列名称，默认为 geom)，空间参考 ID(SRID，默认为 0，可根据需要设置为"4326"或"3857"等)，模式(Mode，如创建新表、在表后追加数据、删除数据等)。注意，表格名称最好为小写字母，若出现大小写混合或全部为大写字母，则进行查询等操作时，需要将表名称用双引号("")引起来。

还可以设置入库时的其他选项，如 dbf 文件的字符编码方式，默认为 UTF-8，如图7-9 所示。ArcGIS 的默认编码方式为 GBK，若 Shapefile 文件为 ArcMap 生成，且属性值含有中文，此处最好选择 GBK 编码，否则可能会出现乱码。从上到下，其他复选框的含义依次为：

①保持列名称的大小写；

②不创建 bigint 类型的列；

③加载后自动创建空间索引(默认勾选)；

④只加载 dbf 属性数据；

123

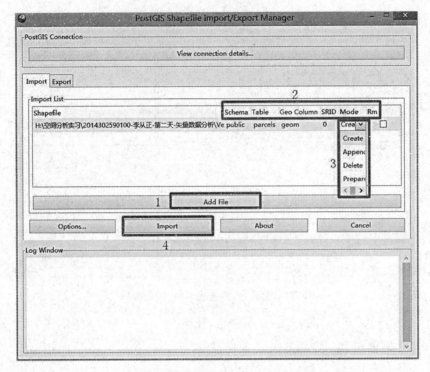

图 7-8　使用自带工具导入 shp 数据

⑤通过复制而不是插入的方式加载数据(默认勾选);

⑥加载到 GEOGRAPHY 列;

⑦生成简单几何代替 MULTI 几何(若几何要素本身为多部件, 则还是会生成 MULTI 类型的几何要素, 后面会进一步说明)。

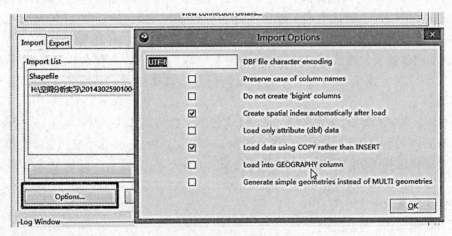

图 7-9　入库选项设置

以上设置完成后，点击【Import】即可完成数据的导入。导入后，在 Public 模式可以看到数据，如图 7-10 所示。从数据中可以看出：

①几何的空间参考为"4326"；

②几何类型为 MultiPolygon，因有多部件要素。

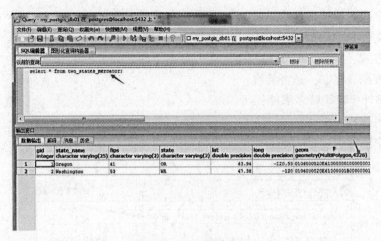

图 7-10 导入数据查看

2. 使用 QGIS 入库

连接 PostGIS 数据库后（具体连接方法自行搜索），在 QGIS 菜单进行如下操作：【Database】→【DBManager】，如图 7-11 所示。图中，PostGIS 下面即为本书中创建的一个 PostGIS 数据库连接，单击箭头所指的导入，即可打开导入矢量图层的对话框。

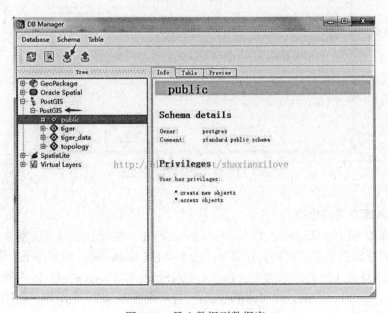

图 7-11 导入数据到数据库

125

如图 7-12 所示，导入对话框主要分为三部分：

①选择待导入的文件；

②输出数据表：分别为模式和数据表名称；

③其他选择，依次为：

a. 主键；

b. 几何字段名称，默认为 geom，可自己定义其他名称；

c. 数据文件 SRID 和目标 SRID，可根据需要设置；

d. 编码方式，默认为 UTF-8；

e. 如果数据表存在，是否替换；

f. 用单部件要素代替多部件；

g. 字段名称转为小写；

h. 创建空间索引。可根据需要确定是否勾选。

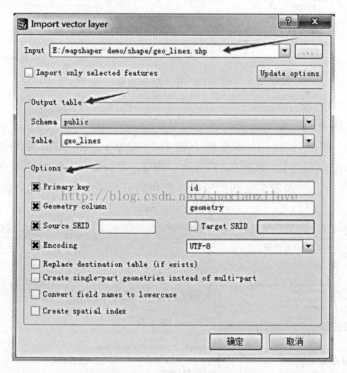

图 7-12　导入矢量数据对话框

3. 两种入库方式的比较

两种方式均可以将 Shapefile 文件导入到 PostGIS 中，但也存在以下区别：

①几何要素数据类型的区别。在要素均为单部件(single-part)的条件下，默认情况下，PostGIS 自带工具的几何类型依次为：Point、LineString 和 Polygon，QGIS 入库的类型依次为 MultiPoint、MultiLineString 和 MultiPolygon。若后期涉及 WFS-T 操作，则绘制几何的类型(TYPE)必须与数据表的类型一致，这一点务必注意！

②使用 PostGIS 自带工具入库方便快捷，而使用 QGIS 则需要额外安装，但可以在连接 QGIS 的基础上对入库前后的数据进行可视化编辑。

以上是对两种入库方式的详细介绍，具体使用哪种方式，需要根据情况确定。同样地，导出文件方法类似，此处不再介绍。

7.3 使用 SQL 建立 PostGIS 空间数据库

空间数据表与普通数据表的差别在于矢量数据表含有几何字段，栅格数据表含有栅格字段。以矢量数据为例，通过 PostGIS 提供的函数 AddGeometryColumn 能十分简便地将普通数据表升级为空间数据表。

7.3.1 利用 SQL 语句建立空间数据表

打开 PostgreSQL 安装目录下的 SQLShell（psql）程序，输入用户名、密码等登录数据库，如 7-13 所示。

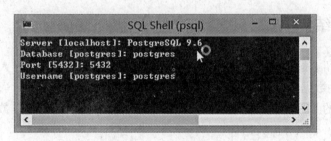

图 7-13　登录数据库

接着，使用传统 SQL 的建表语句将矢量数据的属性表按字段建立，本书为了方便只设置了一个 ID 作为属性对要素进行标识。具体代码如下：

```
CREATE TABLE public.myspatialtable(id int PRIMARY KEY);
```

利用函数 AddGeometryColumn 为上一步创建的数据表添加一个特定类型、特定投影、特定维数的几何字段，该字段用于存储相同类型、相同投影与相同维数的矢量数据几何信息，具体代码如下：

```
SELECT AddGeometryColumn ('public',' myspatialtable',' geom',' 4326','POINT','2');
```

完成以上操作步骤，一张空的空间点数据表就成功建立了。

7.3.2 利用 SQL 语句插入空间数据

在 PostGIS 中，利用 ST_GeomFromText 函数可以实现几何字段信息的创建，需要用到几何信息的 WKT 表达式与参考空间 SRID 作为参数，返回一个 geometry 对象，ST_GeomFromText 函数其实就是将 WKT 的信息转化为 WKB 信息，便于数据库进行存储。具体插入数据的代码如下：

```
INSERT INTO public.myspatialtable ( id, geom ) VALUE ( 1, ST _
GeonFromText('POINT(0, 0)', 4326));
```

以上例子中创建的空间要素为 ID 等于 1，坐标为(0, 0)的二维空间坐标点，空间参考系为 4326(WGS-84 投影)。对于投影坐标系的 WKID，我国常用的 WKID 部分见表 7-1。

表 7-1　　　　　　　　　　　　　　**我国常用的 WKID**

WKID	投影坐标系名称
4214	GCS_Beijing_1954
4326	GCS_WGS_1984
4490	GCS_China_Geodetic_Coordinate_System_2000
4555	GCS_New_Beijing
4610	GCS_Xian_1980

7.4　本章小结

本章主要介绍 PostgreSQL 基本操作，利用 QGIS 实现空间数据的导入导出，使用 SQL 建立 PostGIS 空间数据库以及利用 QGIS 管理 PostGIS 空间数据库。本章通过实际的操作指导读者使用开源的 GIS 数据库管理空间数据。包括数据库与表的创建、数据库的备份与恢复、连接数据库、导入导出数据等。

第8章　QGIS 插件开发

在众多的开源桌面 GIS 软件中，QGIS 以其用户界面友好、广泛支持操作系统等特点，拥有广大的用户群。由于 QGIS 是基于 Qt 跨平台类库开发，因此支持目前最为广泛的操作系统如 Linux、UNIX、MacOSX 和 Windows 等，这一点是其他很多桌面 GIS 软件所不可企及的。而最为重要的是，其重构了 QGIS 的 API 库，方便用户进行二次开发。通常 GIS 需要回答"我们在哪儿"或"我们到哪儿"等这类与地理位置相关的问题，但目前 QGIS 还只支持针对空间数据的属性搜索功能，而不具备针对用户自定义的关系型数据表格的属性搜索功能。由于 QGIS 具有支持插件模式的优点，因此可以通过 QGIS 的插件开发实现自己需要的功能。核心插件(coreplugins)由 QGIS 开发组维护，包含在所有的 QGIS 发行版中；外部插件(externalplugins)由爱好者们开发，由核心插件 plugininstaller 加载。QGIS 支持 C++和 Python 两种语言进行插件开发。由于 Python 是一种简单易学、功能强大的编程语言，有高效率的高层数据结构，能简单而有效地实现面向对象编程，且 Python 简洁的语法和对动态输入的支持，再加上解释性语言的本质，使得它在大多数平台上的很多领域都是一个理想的脚本语言，特别适用于快速的应用程序开发，所以本书选择采用 Python 和 PyQt 进行简单插件的开发。

8.1　开发环境配置

本书汇总了基于 QGIS 的 Python 插件开发需要的开发环境，见表 8-1。

表 8-1　　　　　　　　　　　**基于 QGIS 的 Python 插件的开发环境**

GIS 支撑环境	QGIS-OSGeo4W-2. 8. 9-1-Setup-x86_64
开发语言	Python2. 7. 5
开发环境	QT4. *，eclipse
界面设计	PyQt4-4. 11. 3-gpl-Py2. 7-Qt4. 8. 6-x64

在下面的安装过程中，建议参考图 8-1 中的顺序安装。先安装 Python-2. 7. 5. amd64. msi，然后再安装 PyQt4-4. 11. 3-gpl-Py2. 7-Qt4. 8. 6-x64. exe，最后安装 QGIS-OSGeo4W-2. 8. 9-1-Setup-x86_64，否则后面进行开发的时候可能会出错。安装 JRE 和 eclipse，有助于代码的检查和调试，这两个程序不是必须安装的。PyQt4 安装在 Python 安装目录下。

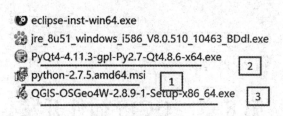

图 8-1　软件安装顺序

8.1.1　Python IDLE 安装

访问 Python 的官网：https：//www. python. org/，找到适合自己电脑版本的 Python IDLE 程序并下载，本书介绍的是 python-2. 7. 5 版本的。下载界面如图 8-2 所示。

图 8-2　Python 官网

Python-2. 7. 5. amd64. msi 下载好后，双击程序开始安装，如图 8-3 所示。

图 8-3　Python 安装

安装成功后，打开 Python 2.7.5 IDLE 程序，如图 8-4 所示。Python 2.7.5 Shell 由菜单栏和代码区域两部分组成。用户可以在代码区域编写实现各种功能的代码，使用菜单栏可以保存代码，也可以运行代码，或者进行一般的编辑操作。

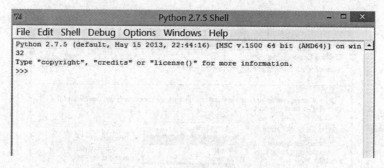

图 8-4 Python 2.7.5 Shell 界面

8.1.2 QtDesigner 下载安装

QtDesigner 是 Qt 用于从 Qt 组件设计和构建图形用户界面(GUI)的工具。使用 QtDesigner 创建的小部件和表单与编程代码无缝集成，使用 Qt 的信号和插槽机制，可以轻松地将图形元素分配给图形元素。Qt Designer 中设置的所有属性都可以在代码中动态更改。此外，小部件推广和自定义插件等功能可让您使用自己的组件与 Qt Designer。QtDesigner 下载网站：http：//www. jb51. net/softs/497227. html。更多 QtDesigner 的学习资料参考网站：http：//doc. qt. io/qt-4. 8/designer-quick-start. html。

QtDesigner 下载完成后就可以安装了。双击 PyQt4-4. 11. 3-gpl-Py2. 7-Qt4. 8. 6-x64. exe 安装程序，点击【Next】按钮，如图 8-5 所示。

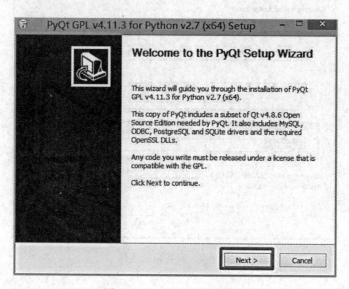

图 8-5 QtDesigner 安装界面

在接下来的对话框中选择"I Agree"，然后跳到下一个对话框中，如图 8-6 所示。用户可以在"Choose Components"对话框中选择安装的组件。对话框中"Select the type of install"，下拉框中包括"Full"、"Minimal"、"Custom"三类，或者用户也可以在下面的选项卡中勾选需要安装的组件。

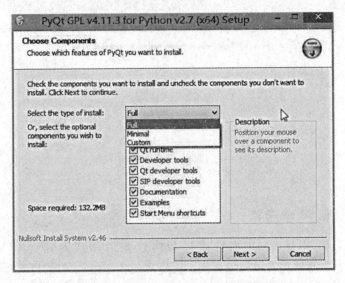

图 8-6　"Choose Components"对话框

点击【Next】，然后跳转到"Choose Install Location"对话框，需要注意的是，此时 QtDesigner 安装路径必须为之前安装的 Python 安装目录，如图 8-7 所示。

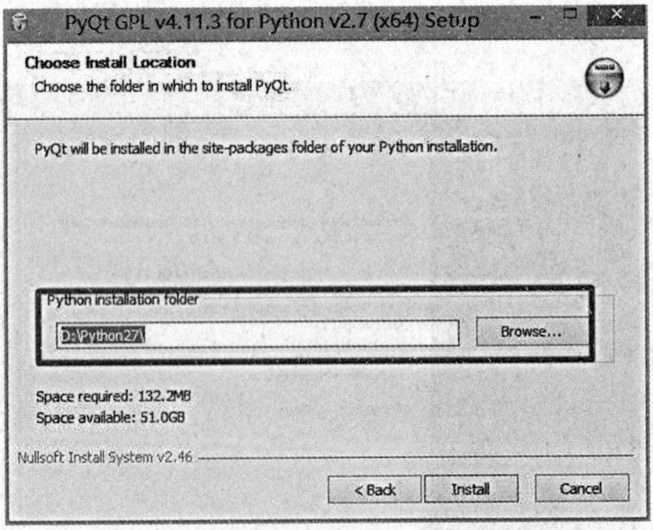

图 8-7　安装路径选择

安装成功后，在安装目录下找到 Designer 程序，点击【打开】，可以看到如图 8-8 所示的界面。左边是控件栏，里面的控件(如我们将用到的按钮、框架等)可以直接拖曳到中间的窗口编辑区，然后可以按 Shift+Alt+R 快捷键预览，看看是做什么功能的。因为之前建立工程时候默认的是 Mainwindow 类型，所以这个窗口一开始就自带了顶部菜单，顶部图标栏，底部状态栏等，用户想要简单的界面可以在创建时试试其他类型。右上显示的是从属结构，右下显示的是某个部件的属性。底部的是信号与槽编辑窗口，信号与槽的编辑方式有 4 种：拖曳，在编辑窗口添加，右键【转到槽】，在 C++代码中用 connect 函数，在此只演示右键【转到槽】。

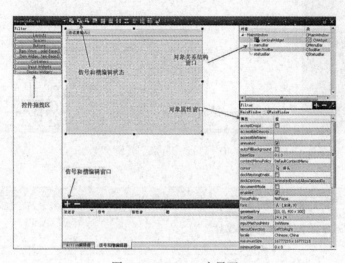

图 8-8　QtDesgner 主界面

8.1.3　Plugin Builder

Plugin Builder 为用户提供了一个可以创建自己的插件的工作模板。使用 Plugin Builder 的步骤相当简单：在 QGIS 内打开 Plugin Builder；填写所需信息；单击【确定】；指定在哪里存储新插件；编译资源和用户界面文件；安装插件；测试。

1. Plugin Builder 下载

打开 QGIS 程序，在【插件】菜单下选择【管理并安装插件】，如图 8-9 所示。

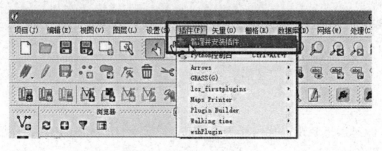

图 8-9　添加 Plugin Builder

2. 基于 Plugin Builder 创建新插件

创建新插件如图 8-10、图 8-11、图 8-12 所示。

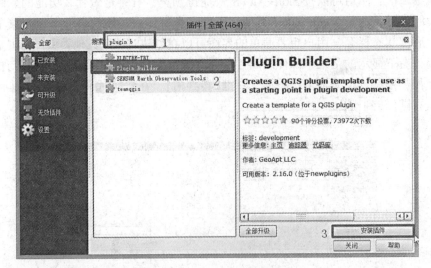

图 8-10　Plugin Builder 下载安装

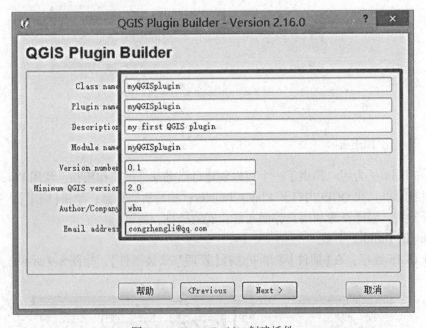

图 8-11　Plugin Builder 创建插件

8.1.4　Python 控制台

启动 QGIS 时运行 Python 代码有两种方式：设置 PYQGIS_STARTUP 环境变量和使用 startup. py 文件。

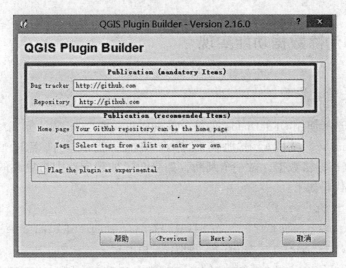

图 8-12 Plugin Builder 填写托管平台

1. 设置 PYQGIS_STARTUP 环境变量

可以通过设置环境变量 PYQGIS_STARTUP 来达到在 QGIS 初始化完成前执行 Python 代码的目的。将 PYQGIS_STARTUP 设置为用户想执行的 Python 文件即可。这种方法一般情况下很少用到，但这是在 QGIS 初始化完成之前执行 Python 代码的方法之一。这个方法在清理系统路径(sys. path)的时候非常有用，系统路径里面有时候含有一些无效的路径。另外，一些 Python 模块需要单独初始化的情况使用。

2. 使用 startup. py 文件

每次 QGIS 软件启动的时候，都会在用户的 Python home 目录(一般为 . qgis2/python 目录)下面查找 startup. py 文件，如果存在，则执行。

3. Python 控制台

在 QGIS 中，可以通过 Python 控制台来执行 Python 代码。在"插件"菜单下选择"Python 控制台"，打开 Python 控制台，如图 8-13 所示。

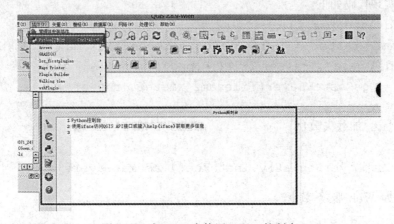

图 8-13 在 QGIS 中使用 Python 控制台

8.2　添加和清除数据功能实现

8.2.1　添加矢量数据

输入图层的选择使用 QFileDialog 实现。QFileDialog 是 Qt 定义的标准对话框，通过调用 getOpenFileName（ ）可以轻松地实现打开功能。获取文件名以后通过 qgis 类 QgsRasterLayer 加载栅格数据，做一个判断，如果图层加载成功则将更改的图层注册到地图中。具体实现代码如下：

```
def addvector(self):
    filename _vector = QFileDialog.getOpenFileName(self.dlg,"
open vector","d:\\data","shp files(*.shp)"
    layer = QgsVectorLayer(filename_vector,"polygons","ogr")
    if not layer:
print"加载失败!"
    else:
QgsMapLayerRegistry.instance().addMapLayer(layer)
属性查询(attribute_function)
for field in layer.pendingFields():
print field.name(),field.typeName()
self.textEdit.append ( str ( field.name ( )) + "           " + str
(field.typeName()))
```

8.2.2　添加栅格数据

输入图层的选择使用 QFileDialog 实现。QFileDialog 是 Qt 定义的标准对话框，通过调用 getOpenFileName（ ）可以轻松地实现打开功能。获取文件名以后通过 qgis 类 QgsRasterLayer 加载栅格数据，做一个判断，如果图层加载成功则将更改的图层注册到地图中。具体实现代码如下：

```
def addraster(self):
filename _raster = QFileDialog.getOpenFileName(self.dlg," open
raster","d:\\data","raster file(*.png)")
    layer = QgsRasterLayer(filename_raster,"raster")
    if not layer:
        print"加载失败!"
    else:
        QgsMapLayerRegistry.instance().addMapLayer(layer)
```

8.2.3　添加 Web 服务数据

Web 服务数据包括 WMS、WFS 以及 openstreetmap 调用功能，都是调用已有的网络服务。首先创建对应的 HTML 文件，通过 basedir = os. path. join (basedir, 'openstreet
map. html') 读取文件，然后通过 self. webView. setUrl(QtCore. QUrl (_fromUtf8 (myurl))) 将
web 地图显示到对话框的 webView 中。其中，调用服务的部分代码如下：

```
new ol.layer.Tile(
        {source:new
ol.source.TileWMS ({url: 'https://mrdata.usgs.gov/services/nmra?
request = GetMap&service = WMS&version = 1.3.0&layers = USNationalMiner-
alAssessment1998',
        })}),
```

8.2.4 清除数据

清除图层调用 qgis 库中 core 类中的 removeAllMapLayers 函数实现。具体实现代码
如下：

```
def clear_function(self):
        mapreg = QgsMapLayerRegistry.instance()
mapreg.removeAllMapLayers()
```

8.3 图层渲染功能实现

渲染功能主要是使得矢量数据的显示更加美观。具体实现代码如下：

```
r = QgsMapRenderer()#获取图层 ID
lyrs = reg.mapLayers().keys()#在地图中重新初始化渲染图层
r.setLayerSet(lyrs)
```

8.4 缓冲区功能实现

缓冲区是 GIS 的基本功能，也是空间分析过程中使用最多的功能。在插件设计中主要
包括简单缓冲区和多环缓冲区。其原理都是一样的，都是调用 qgis 库中的 core 类里面的
buffer 函数实现。通过改变 buffer 函数的参数实现不同缓冲区。具体实现代码如下：

```
features = layer.getFeatures()
buffLyr = QgsVectorLayer('Polygon','Buffer','memory')
pr = buffLyr.dataProvider()
for feat in features:
        buff = feat.geometry().buffer(5,4)
        b = QgsFeature()
b.setGeometry(buff)
pr.addFeatures([b])
        buffLyr.setLayerTransparency(70)
        QgsMapLayerRegistry.instance().addMapLayers([buffLyr])
```

8.5　简单栅格处理功能实现

8.5.1　二值化

二值化属于数字图像处理的范畴，在实现过程中直接调用了 PIL 库函数的 Image 类，通过使用 Image 类中的 convert 函数实现二值化。在进行图像处理之前先使用 openPic( )打开图像。具体实现代码如下：

```
def erzhihuaF(self):
self.openPic()
        from PIL import Image
        image_file = Image.open(self.filename)
        image_file = image_file.convert('1')
        layer = QgsRasterLayer("temp.png","raster")
QgsMapLayerRegistry.instance().addMapLayer(layer)
```

8.5.2　平滑和边缘提取

平滑和边缘提取也属于数字图像处理的范畴，同样使用 PIL 库中的 filter 函数，这是不同的参数分别实现平滑和边缘提取功能。平滑具体实现代码如下：

```
        image_file = image_file.filter(ImageFilter.SMOOTH)#平滑
```

边缘提取实现代码如下：

```
        image_file = image_file.filter(ImageFilter.FIND_EDGES)#边缘
```

提取

8.6　Python 开发注意事项

8.6.1　常见问题及解决方法

①由于 Python 对于行进与排列要求很严格，所以很容易出现由于排列或多出了空格而导致出错的现象。

②在实现缓冲区分析功能时，虽然能够添加 Buffer 图层，却无法在窗体中显示出来，是因为输入数据定义的坐标系与生成缓冲区的不在同一坐标系下，输入数据的坐标系是 EPSG：23030，而缓冲区的坐标系是 EPSG：4326，即 WGS-84 坐标系，修改了缓冲区的坐标系后，就可得到正确的结果。

③全局变量与局部变量。当某个控件接收到信号，响应函数执行结果是弹出对话框时，如果在函数中初始对话框时使用 msg＝QMessageBox( )，最后弹出的对话框会很快消失。这是因为在函数中定义的变量为局部变量，当函数执行完毕时，局部变量也就不存在了，因此对话框会消失。这种情况应该使用 self. dlg. msg＝。

④中文乱码问题。解决方法是在字符串前加 u。如 setText(u"请输入文件"），这样就不会出现乱码问题。

⑤写 shp 文件的函数用法。函数为 writeAsVectorFormat（），调用 QgsVector FileWriter. writeAsVectorFormat(layer，fileName，fileEncoding，destCRS）。主要的函数参数的意义如下：layer 为要写入 shp 文件的图层，fileName 为 shp 文件的路径名，fileEncoding 为编码方法，destCRS 一般可直接传 None。

⑥外部插件合并问题。在 QGIS 官网上有许多的插件样例，但大多数插件都是不可直接使用的。因此，需要充分了解插件文件的结构，分析外部插件合并方法，以拓展我们自己的功能模块。首先需要理解插件的启动是在_init_. py 中，它导入了 Geojiangone 包，该包包含插件的核心代码。信号和槽函数的连接以及响应函数等代码几乎都写在 Geojiangone. py 中，类似于 Geojiangone 导入插件主界面包。在合并外部插件时，也同样采用类似的方法，首先找到需合并插件的主界面 UI 对应的 py 文件，将其导入 Geojiangone. py 中，再将被合并插件的响应函数写到 Geojiangone. py 中去，如此便可使用官网上众多的 QGIS 插件。

⑦扩展包问题。在开发过程中可能会遇到的比较大的问题就是 QGIS 内置 Python 库的扩展问题。由于 QGIS 内置的 Python 缺少很多其他的扩展包，所以在插件开发的时候受到很多的限制，不能完全利用 Python 语言的特性以及丰富的扩展完成其他的功能。在书介绍的操作中除了使用 QGIS 的 QtPY4 扩展包之外，在栅格处理模块还使用了图像处理的 PIL 库和 cv2 库。PIL 库可以直接引入，但使用 opencv 的 cv2 库时需要以及安装好 opencv，在 opencv 安装目录下有 cv2. pyd 文件，需要将该文件复制至 QGIS 软件的 Python 路径下，同时也需要将 opencv 的 dll 文件拷贝过去，否则无法使用 cv2 库。同理，在尝试导入 Arcpy 扩展包时却出现了问题，Arcpy 扩展包是 ArcGIS 的 Python 扩展包，封装了大量的算法，但由于兼容性或者其他问题导致本次操作无法正常引入该扩展包，影响了该插件的遥感图像处理模块的效果。

⑧代码调试问题。在本次插件开发的实习中，对于 Python 代码编写主要是使用 IDEL，点击 run model 便可运行 Python 脚本，同时能够检查语法错误。但是对于非语法错误，需要每次重启 QGIS 观察插件是否正常运行。当插件出现错误时，QGIS 会给出 Python 脚本错误提示信息，调试时不能逐句调试，只能定位到错误代码行数和错误原因，且调试时需要重启 QGIS，比较麻烦，不够方便。

8.6.2 开发技巧

①使用 Python 控制台的 help( )命令能够让用户快速了解一个不熟悉的 Python 对象的使用方式。

②使用别人提供的库进行开发时学会阅读开发文档十分重要。

③从 QGIS 的 iface. legendInterface( )中获取到已加载的所有图层。

④生成缓冲区时，QgsGeometryAnalyzer( ). buffer( )这一函数接口就能轻松地实现缓冲区功能。

⑤GeoAPIs 网站，拥有大量的 API 可供搜索；Python 代码中心 http：//nullege.com/，提供了诸如 pyqt、qgis 等函数的组成和使用样例。

⑥当利用 ModelBuilder 插件创建完自己的插件后，需要编译后才能使用。可利用编译文件 compiling.py 来编译；更直接的方式是，利用 QGIS 中的 OSGeo4W shell 打开命令窗口，输入"pyuic4"和"pyrcc4"后编译。

8.7 案例：多功能 GIS 插件

8.7.1 需求分析

本案例旨在基于 QGIS 软件，使用 Python 语言建立一个包含多种 GIS 分析功能的插件。插件设计中从 GIS 处理的一般数据格式出发，分别设计实现栅格数据、矢量数据和 Web 地图的相关功能。要求设计的插件能够实现对栅格数据、矢量数据的基本处理以及对 Web 地图(WMS、WFS 等地图服务)的调用等功能。

数据需求是依据应用需求而来的。应用需求中包括栅格数据、矢量数据以及 Web 地图数据。QGIS 软件支持多种数据格式，本案例中实现的插件，没有实现支持太多数据格式的处理。栅格数据输入输出可以是.tif、.jpg 或是.png，矢量数据输入输出为 shapefile 格式，Web 地图为 WMS 和 WFS 地图服务。特别地，在实现栅格数据的二值化时需要输入灰度图像、平滑时需要输入有噪声的图片。

依据应用需求，设计实现包括栅格数据、矢量数据处理功能以及 Web 调用等功能。具体功能包括：

①栅格数据：添加栅格数据、查询像素值、直方图、二值化、平滑、边缘提取以及清除图层。

②矢量数据：添加矢量数据、属性查询、渲染、简单缓冲区、多环缓冲区以及清除图层等功能。

③Web 地图：调用 WMS、WFS 地图服务，OpenStreetMap 图层。

设计的插件界面应该美观大方、友好方便，尽可能地便于用户使用，在用户操作失误以后能提示错误信息以及错误帮助，给用户带来更好的使用体验。对于功能按钮设计应该符合常规软件风格，用户易于上手。插件设计结束后，应该进行测试，比如对于大数据量的处理，需要包含对硬件环境以及软件支持的说明。如果插件不仅仅基于 QGIS 软件，还想在其他平台下实现相关功能，应该有必要的接口设计说明和软件之间兼容性的测试等。

8.7.2 插件总体设计

该部分依据第一部分的需求分析，结合开源 GIS 插件设计的一些原则，从宏观的角度对插件进行总体设计，包括插件的结构、功能需求与插件模块的关系、尚未解决的问题以及接口设计说明。

1. 框架设计

插件结构遵从 QGIS 软件的设计原则，从打开文件，选择对文件的操作开始，到执行操作输出和显示结果结束。其中用户交互包括文件的打开与输出、多环缓冲区的半径、环数设置等方面。输出文件格式为输入文件格式。插件结构设计框架如图 8-14 所示。

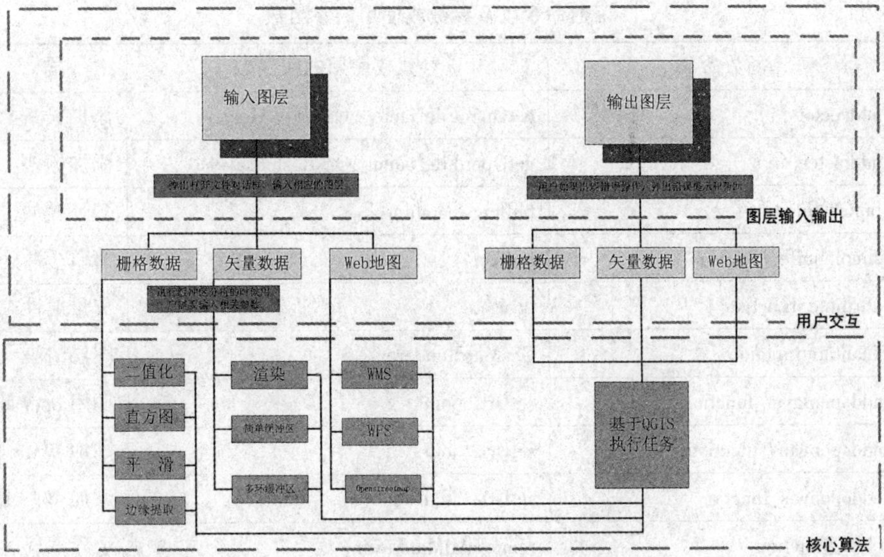

图 8-14　插件结构设计框架图

2. 功能需求与插件模块的关系

（1）栅格数据模块

栅格数据模块功能包括栅格文件的打开（openPic）、栅格数据像素的查询（valuechaxun_function）、直方图（histogram）、二值化（erzhihuaF）、平滑（pinghuaF）、边缘提取（binayuantiquF）、清除图层（clear_function）等功能。其中，打开文件和清除图层是插件的基础功能。像素值查询和直方图是针对栅格的像素值，通过鼠标移动实时显示像素值大小，直方图用于统计像素的情况，生成统计图。二值化、平滑和边缘提取是一些图像处理的基本操作，分别通过调用 PIL 中的相应函数 convert、filter（ImageFilter. SMOOTH）、filter（ImageFilter. FIND_EDGES）实现。栅格数据是 GIS 的一种数据源，设计此模块的目的在于提供栅格数据处理的功能。

（2）矢量数据模块

矢量数据模块包括添加矢量数据（addvector）、属性查询（attribute_function）、渲染（xuanran_function）、简单缓冲区（simplebuffer_function）、多环缓冲区（buffer_function）以及清除图层（clear_function）等功能。添加矢量数据和清除图层为矢量模块的基本操作，也是后面操作的根本。属性查询、渲染功能和缓冲区分析是 GIS 的常用功能，此次插件中实现了简单缓冲区和多环缓冲区操作。

（3）Web 地图

该模块包含 WMS、WFS 的服务以及 openstreetmap 的调用。

3. 接口设计

（1）用户接口

在实现插件中各个模块的功能时，都是通过点击插件界面的按钮触发相应的相应函数实现。每一个功能对应的函数以及函数使用的参数和调用的库函数详见表 8-2。

表 8-2　　　　　　　　　　　　函数命令以及参数或使用的库函数

序号	函数命令	参数或使用的库函数	描　述
1	addvector	getOpenFileName、QgsVectorLayer	添加矢量
2	addraster	getOpenFileName、QgsRasterLayer	添加栅格
3	buffer_function	buffer、combine	多环缓冲区
4	simplebuffer_function	buffer	简单缓冲区
5	attribute_function	print	矢量属性查询
6	xuanran_function	QgsMapRenderer	图层渲染
7	addopenlayer_function	setUrl、join	调用 openstreetmap
8	addopenwms_function	setUrl、join	添加 WMS 服务
9	addopenwfs_function	setUrl、join	添加 WFS 服务
10	clear_function	removeAllMapLayers	清除图层
11	erzhihuaF	convert	栅格二值化
12	pinghuaF	filter(ImageFilter. SMOOTH)	栅格平滑
13	bianyuantiquF	filter(ImageFilter. FIND_EDGES)	边缘提取
14	valuechaxun_function	blockSignals	像素值查询

（2）内部接口

在_init_. py 文件中，定义了 classFactory(iface) 函数，它在插件被打开时自动调用，从 lcz_model. py 文件中引入 lcz_qgis 类，并用来接收 QgisInterface 类实例的引用和（必须）返回自定义插件类的实例。在 lcz_model. py 文件中，算法核心通过调用 API 来实现。需要导入 qgis. core 库、PyQt4. QtCore 库、PyQt4. QtGui 库以及 PIL 库。具体内部接口函数见表 8-3。

表 8-3　　　　　　　　　　　　参数或使用的库函数

序号	参数或使用的库函数	描　述
1	getOpenFileName	获取弹出的文件打开对话框选择的文件名
2	QgsVectorLayer	QGIS 矢量图层
3	QgsRasterLayer	QGIS 栅格图层
4	buffer	缓冲区，参数包括距离和段融合
5	combine	多个要素缓冲区融合
6	QgsMapRenderer	Qgis 渲染
7	setUrl	设置 Web 地图 QWebView 的链接 HTML

序号	参数或使用的库函数	描　　述
8	join	链接到文件下的 HTML 文件
9	print	打印矢量属性
10	removeAllMapLayers	QGIS 清除所有图层
11	convert	PIL 库中栅格二值化
12	filter(ImageFilter. SMOOTH)	PIL 库中函数，设置参数可以实现平滑和二值化
13	blockSignals	像素块的信号值

为了获取用户在 UI 中输入的各项参数，使用 Qt 特色的信号与槽机制。其中，信号会在某个特定情况或动作下被触发，槽是用于接收并处理信号的函数。这比传统的图形化程序采用回调函数的方式实现对象间通信要简单灵活得多。每个 Qt 对象都包含预定的信号和槽，当某一特定事件发生时，一个信号被触发，与信号相关联的槽则会响应信号完成相应的处理。

8.7.3　插件功能设计与实现

1. 功能说明

本插件从栅格、矢量和 Web 地图出发实现对三种 GIS 数据源的基本处理操作。

（1）栅格数据模块

栅格数据模块功能包括栅格文件的打开（openPic）、栅格数据像素的查询（valuechaxun_ function）、直方图（histogram）、二值化（erzhihuaF）、平滑（pinghuaF）、边缘提取（binayuantiquF）、清除图层（clear_function）等功能。其中，打开文件和清除图层是插件的基础功能。像素值查询和直方图是针对栅格的像素值，通过鼠标移动实时显示像素值大小，直方图用于统计像素的情况，生成统计图。二值化、平滑和边缘提取是一些图像处理的基本操作，分别通过调用 PIL 中的相应函数 convert、filter(ImageFilter. SMOOTH)、filter (ImageFilter. FIND_EDGES)实现。栅格数据是 GIS 的一种数据源，设计此模块的目的在于提供栅格数据处理的功能。

（2）矢量数据模块

矢量数据模块包括添加矢量数据（addvector）、属性查询（attribute_function）、渲染（xuanran_function）、简单缓冲区（simplebuffer_function）、多环缓冲区（buffer_function）以及清除图层（clear_function）等功能。添加矢量数据和清除图层为矢量模块的基本操作，也是后面操作的根本。属性查询、渲染功能和缓冲区分析是 GIS 的常用功能，此次插件中实现了简单缓冲区和多环缓冲区操作。

（3）Web 地图

该模块包含 WMS、WFS 的服务以及 openstreetmap 的调用。

2. 功能模块实现说明

（1）栅格数据模块

1）栅格数据打开（openPic）

输入图层的选择使用 QFileDialog 实现。QFileDialog 是 Qt 定义的标准对话框，通过调用 getOpenFileName（ ）可以轻松地实现打开功能。获取文件名以后通过 qgis 类 QgsRasterLayer 加载栅格数据，做一个判断，如果图层加载成功则将更改的图层注册到地图中。具体实现代码如下：

```
def addraster(self):
filename_raster = QFileDialog.getOpenFileName（self.dlg,"open
raster","d:\\data","raster file（ * .png)")
    layer = QgsRasterLayer(filename_raster,"raster")
    if not layer:
        print"加载失败!"
    else:
        QgsMapLayerRegistry.instance().addMapLayer(layer)
```

2）二值化（erzhihuaF）

二值化属于数字图像处理的范畴，在实现过程中直接调用了 PIL 库函数的 Image 类，通过使用 Image 类中的 convert 函数实现二值化。在进行图像处理之前先使用 openPic（ ）打开图像。具体实现代码如下：

```
    def erzhihuaF(self):
self.openPic()
        from PIL import Image
        image_file = Image.open(self.filename)
        image_file = image_file.convert('1')
        layer = QgsRasterLayer("temp.png","raster")
QgsMapLayerRegistry.instance().addMapLayer(layer)
```

3）平滑（pinghuaF）和边缘提取（binayuantiquF）

平滑和边缘提取也属于数字图像处理的范畴，同样使用 PIL 库中的 filter 函数，这是不同的参数分别实现平滑和边缘提取功能。平滑具体实现代码如下：

```
    image_file = image_file.filter(ImageFilter.SMOOTH)#平滑
```

边缘提取实现代码如下：

```
    image_file = image_file.filter(ImageFilter.FIND_EDGES))#边缘
```

提取

4）清除图层（clear_function）

清除图层调用 qgis 库中 core 类中的 removeAllMapLayers 函数实现。具体实现代码如下：

```
    def clear_function(self):
```

```
        mapreg=QgsMapLayerRegistry.instance()
mapreg.removeAllMapLayers()
```

(2)矢量数据模块

1)添加矢量数据(addvector)

输入图层的选择通过 QFileDialog 实现。QFileDialog 是 Qt 定义的标准对话框，通过调用 getOpenFileName() 可以轻松地实现打开功能。获取文件名以后通过 qgis 类 QgsRasterLayer 加载栅格数据，做一个判断，如果图层加载成功则将更改的图层注册到地图中。具体实现代码如下：

```
def addvector(self):
     filename_vector = QFileDialog.getOpenFileName(self.dlg,"
open vector","d:\\data","shp files(*.shp)")
     layer = QgsVectorLayer(filename_vector,"polygons","ogr")
     if not layer:
         print"加载失败!"
     else:
         QgsMapLayerRegistry.instance().addMapLayer(layer)
```

2)属性查询(attribute_function)

矢量数据属性查询是基础功能，主要读取矢量文件然后打印出来。具体实现代码如下：

```
     for field in layer.pendingFields():
             print field.name(),field.typeName()
self.textEdit.append(str(field.name())+"  "+str(field.typeName
()))
```

3)渲染(xuanran_function)

渲染功能主要是使得矢量数据的显示更加美观。具体实现代码如下：

```
     r = QgsMapRenderer()#获取图层 ID
     lyrs = reg.mapLayers().keys()#在地图中重新初始化渲染图层
r.setLayerSet(lyrs)
```

4)缓冲区(simplebuffer_function)

缓冲区是 GIS 的基本功能，也是空间分析过程中使用最多的功能。在插件设计中主要包括简单缓冲区和多环缓冲区。其原理都是一样的，都是调用 qgis 库中的 core 类里面的 buffer 函数实现的。通过改变 buffer 函数的参数实现不同缓冲区。具体实现代码如下：

```
     features = layer.getFeatures()
     buffLyr = QgsVectorLayer('Polygon','Buffer','memory')
     pr = buffLyr.dataProvider()
     for feat in features:
```

```
        buff = feat.geometry().buffer(5,4)
        b = QgsFeature()
b.setGeometry(buff)
pr.addFeatures([b])
        buffLyr.setLayerTransparency(70)
        QgsMapLayerRegistry.instance().addMapLayers([buffLyr])
```

5)清除图层(clear_function)

对于清除图层功能,栅格和矢量是一样的,此处不赘述。

(3)Web 地图模块

Web 地图模块中的 WMS、WFS 以及 openstreetmap 调用功能,都是调用已有的网络服务。首先创建对应的 HTML 文件,通过 basedir = os. path. join(basedir, 'openstreetmap. html') 读取文件,然后通过 self. webView. setUrl(QtCore. QUrl(_fromUtf8(myurl))) 将 Web 地图显示到对话框的 webView 中。其中,调用服务的部分代码如下:

```
new ol.layer.Tile(
    {source:new
ol.source.TileWMS ({url: 'https://mrdata.usgs.gov/services/nmra? re-
quest = GetMap&service = WMS& version = 1.3.0&layers = USNationalMiner-
alAssessment1998',
    })}),
```

3. 插件设计成果

结合上述的设计和说明,插件主界面设计如图 8-15 所示。插件从栅格、矢量和 Web 地图操作三个模块分别实现相关的操作。其中栅格模块包括添加栅格图层、像素值查询、直方图、平滑、二值化、边缘提取和清除图层;矢量模块包括添加矢量图层、属性查询、渲染、简单缓冲区、多环缓冲区和清除图层;Web 地图模块包括打开 WMS、打开 WFS 和添加 OpenStreetMap 地图。

图 8-15 插件主界面

添加栅格图层功能：在实际操作中，可以添加遥感影像，并使用相关功能对其处理。在本教程中，对普通图片进行处理，点击【添加栅格图层】按钮，跳出文件浏览框，选择要添加的栅格图片，即可添加栅格图片，如图 8-16 所示。

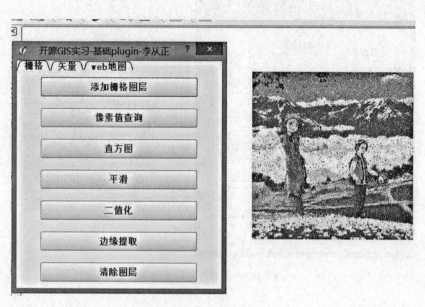

图 8-16　打开有噪声的图片

在处理图片的过程中，我们总会遇到一些图片有噪声，即在图像区域出现一些斑点，这会影响数据处理的精度，因此需要对其进行平滑处理，如图 8-17 所示。

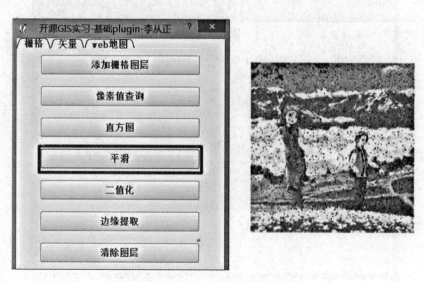

图 8-17　对有噪声的图片进行平滑处理

边缘提取是进行栅格分割的一个重要操作，通常是使用一些边缘检测算子得到图像的轮廓。本教程中使用的是 PIL 库里面自带的边缘检测算子进行边缘提取，如图 8-18 所示。

图 8-18　对有噪声的图片进行边缘提取处理

对于矢量数据，属性是其重要的信息。在矢量操作过程中，我们必不可少地要查看矢量数据的属性，该功能就能实现属性查询功能。直接读取矢量数据，然后得到该文件的所有属性，如图 8-19 所示。

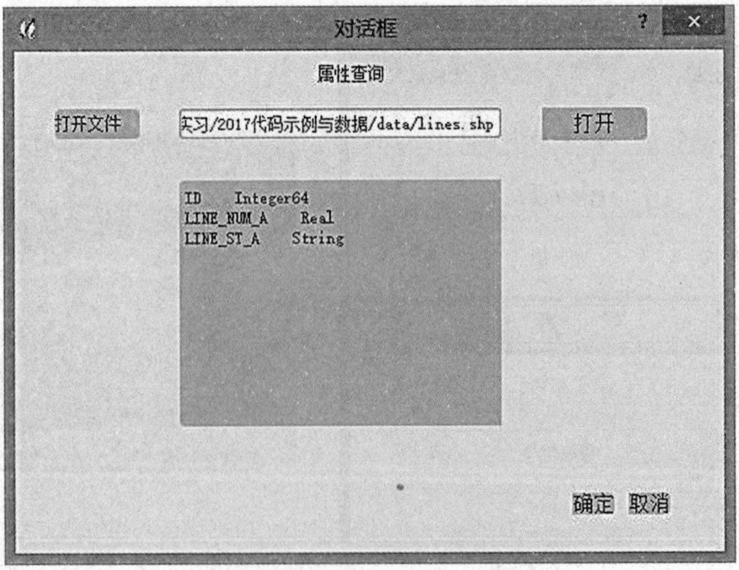

图 8-19　矢量数据的属性查询

缓冲区分析是地理信息系统重要的空间分析功能之一，而多环缓冲区能提高分析的准确度。生成多环缓冲区需要设置缓冲区距离、近似融合、生成的缓冲区数量，如图 8-20 所示。所生成的结果如图 8-21 所示。

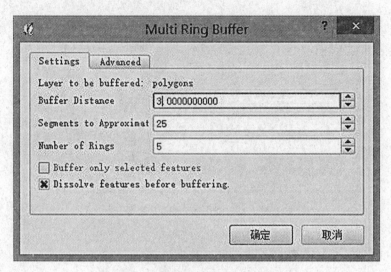

图 8-20　矢量数据多环缓冲区参数设置

图 8-21　多环缓冲区实现

WMS 和 WFS 是地理信息网络服务中重要的部分，用户可以将自己的地图上传到网上，然后在不同的平台上调用自己的地图服务。本教程中的插件通过修改服务地址，可以调用不同的栅格、矢量地图。如图 8-22、图 8-23 所示，调用了 USGC 的地图服务，叠加了全球的矢量地图、煤矿采矿点，美国地区的水域分布图。

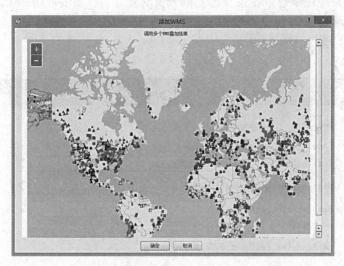

图 8-22 调用多个 WMS 服务

图 8-23 调用 WFS 服务

8.8 本章小结

本章主要介绍了基于 Python 语言的 QGIS 插件开发。从开发环境配置到基础功能的实现，详细讲解了实现接口和代码，利于读者学习。在第一节中列举了一个插件案例，从总体设计到功能实现做了详细的介绍。

第9章　QGIS 二次开发

9.1　QGIS 编译

QGIS 作为一款开源软件，其源码是公开的，因此开发者可以对源码进行修改从而获取一套满足自身需求的 GIS 软件。本章将对 QGIS 二次开发的内容进行阐述。

9.1.1　安装软件

QGIS 二次开发时，需要外部工具软件支持，包括 Cmake、Cygwin、OSGeo4w、Qt4.8.5、Qt-vs-addin 和 QGIS 2.9.0 源码，如图 9-1 所示。

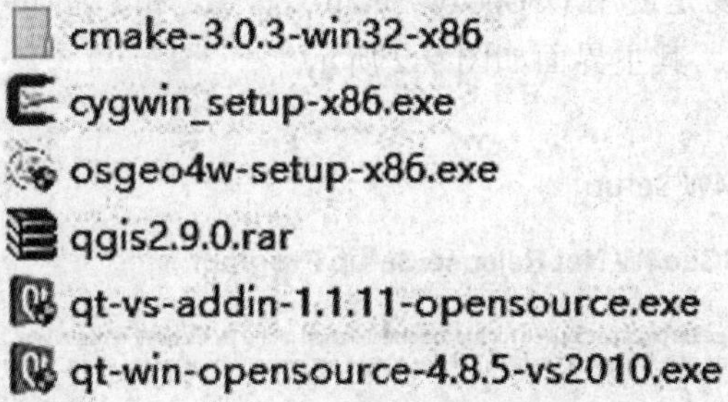

cmake-3.0.3-win32-x86

cygwin_setup-x86.exe

osgeo4w-setup-x86.exe

qgis2.9.0.rar

qt-vs-addin-1.1.11-opensource.exe

qt-win-opensource-4.8.5-vs2010.exe

图 9-1　开发所需软件

以上各软件说明如下：

1. QGIS 2.9.0 源码

QGIS 2.9.0 是 QGIS 编译的源文件，可在 QGIS 官网上直接下载，其下载地址为 http：//www.qgis.org/en/site/forusers/download.html。

2. Qt 4.8.5

Qt 4.8.5 是跨平台 C++图形用户界面应用程序开发框架，QGIS 软件是基于 Qt 开发而来的，编译 QGIS 需要 Qt 提供相应的库支持，其下载地址为 http：//download.qt.io/archive/qt/。

3. Qt-vs-addin-1.1.11

Qt-vs-addin-1.1.11 是 Qt 在 VS2010 上的一个插件，使得 VS 编译器可以创建 Qt 工程，下载地址为 http：//download.qt.io/archive/vsaddin/。

4. OSGeo4w

OSGeo4w 主要用来安装编译时需要的各种依赖库，下载地址为 http：//download. osgeo. org/osgeo4w/osgeo4w-setup-x86. exe。

5. Cygwin

Cygwin 主要是用于安装 flex 和 bison 这两个编译时需要的工具，下载地址为 http：// cygwin. com/setup-x86. exe。

6. CMake

CMake 主要是将 QGIS 源码编译生成 IDE 工程文件如 VS 中 sln 工程文件，下载地址为 http：//www. cmake. org/files/v3. 0/cmake-3. 0. 2-win32-x86. exe。

在本书中讲解的 QGIS 二次开发是基于 VS2010 平台，使用的语言为 C++，因此在此之前需要安装好 VS2010。另外需要注意的是，以上的软件需要注意版本兼容问题，本书中采用 Qt4. 8. 5 + VS2010 + qt-vs-addin-1. 1. 11 较为成熟版本作为实例，其他组合需要按情况选择不同软件版本；本书中 OSGeo4w 软件安装包是 32 位 x86 版本的，因此其下载的依赖库也是 32 位的，如需 64 位库文件则下载相应的 OSGeo4w 即可，但需要保持所有库文件版本一致。

9.1.2　下载依赖库

下载开源依赖库主要是使用 OSGeo4w-Setup-x86. exe 和 Cygwin_Setup-x86. exe。首先双击 OSGeo4w 软件安装包，其主界面如图 9-2 所示。

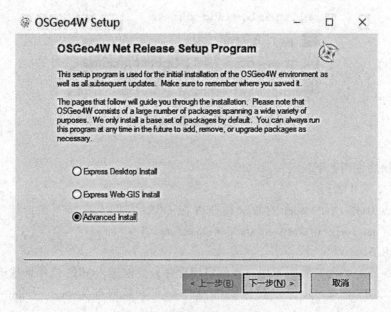

图 9-2　安装 OSGeo4w 主界面

OSGeo4w 下载安装开源库的具体步骤如下：

①选择安装方式：勾选 Advanced Install 选项，点击【下一步】；

②选择下载方式：勾选 Install from Internet 选项，点击【下一步】；

③选择下载储存路径：在 Root Directory 中选择即将下载开源库的存储路径，其他选项保持默认即可，点击【下一步】；

④选择本地开源库目录：保持默认即可，点击【下一步】；

⑤选择网络连接方式：勾选 Direct Connection 选项，点击【下一步】；

⑥选择下载地址：在 Available Download Site 组合框中选中 http：//download. osgeo. org，再点击【下一步】，稍等片刻便会出现如图 9-3 所示的下载主界面。

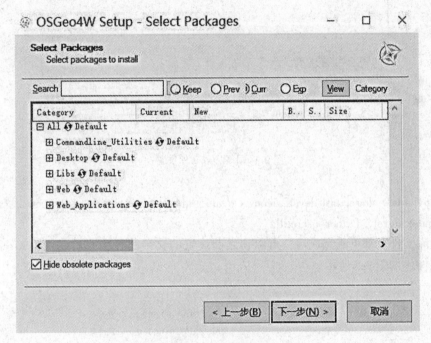

图 9-3　下载开源库

该界面中，Search 对话框可依据开发者输入依赖库名称进行搜索；界面中央视图中 All Default 下显示搜索到的资源，开源库文件主要显示在 Libs& Default 下。点击相应库 New 属性下的 Skip，使之变为版本号，其 bin 属性将由符号"n/a"变成一个打上叉的方框形状，再点击【下一步】便开始下载库文件。以下载 expat 库文件为例，如图 9-4 所示。

点击【下一步】后，若是第一次下载开源库文件，会弹出未满足的依赖条件警告对话框，主要是提示缺少 Microsoft Visual C/C++ Runtimes，点击【下一步】安装即可，之后便进入下载安装界面，由于是连网下载，因此下载的速度受网络限制较大，需要耐心等待。下载完成后会提示重启，等全部依赖库下载完成后再重启计算机，点击【上一步】，继续下载其他的依赖库。

同样的方法，在 Search 栏中输入搜索的库文件，需要安装的全部依赖库包括以下：

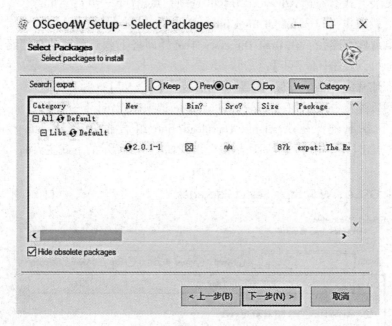

图 9-4　下载 expat 库文件

expat、fcgi、gdal、grass、gsl-devel、iconv、pyqt4、qt4-devel、qwt5-devel-qt4、sip、spatialite、libspatialindex-devel、Python-qscintilla。

依赖库文件全部下载完成后，可以在之前设置的文件路径中查看利用 OSGeo4w 下载到的库文件，如图 9-5 所示。

apps	2016/10/12 12:14	文件夹
bin	2016/10/12 12:16	文件夹
contrib	2016/10/12 12:14	文件夹
etc	2016/10/12 12:16	文件夹
include	2017/2/20 9:34	文件夹
lib	2016/10/14 15:15	文件夹
man	2016/10/12 12:14	文件夹
manifest	2016/10/12 12:14	文件夹
share	2016/10/12 12:15	文件夹
var	2016/10/12 12:15	文件夹
OSGeo4W.bat	2016/3/13 5:52	Windows 批处理…
OSGeo4W.ico	2016/10/12 12:16	图标

图 9-5　依赖库文件

使用 OSGeo4w 下载依赖库文件完成后，还需要使用 Cygwin 安装 flex 和 bison 两个工具。双击"Cygwin_Setup-x86. exe"，其安装步骤与 OSGeo4w 一致，在选择安装资源库文件的界面时，同样在 Search 栏目中依次输入"flex"和"bison"。需要注意的是，选择资源文件在 Devel 目录下,而不是 Libs,点击【下一步】下载即可,如图 9-6 所示。

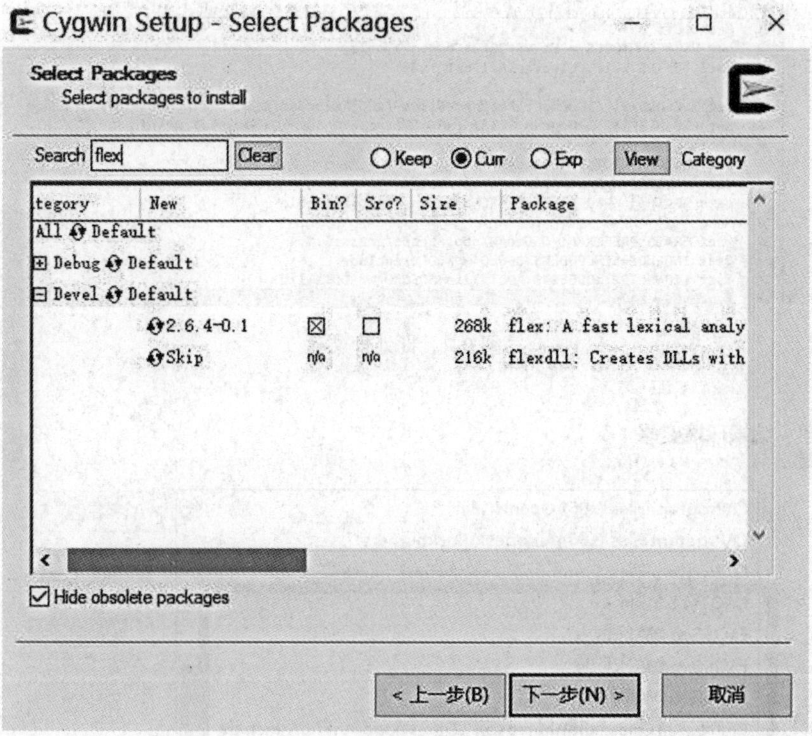

图 9-6　下载 flex 和 bison 工具

9.1.3　配置系统变量环境

配置系统环境主要是为 CMake 编译时能够自动找到外部依赖库文件的路径,避免编译时大量人工选择库路径。配置之前我们需要将下载的软件全部安装好,包括 Qt4.8.5、qt-vs-addin1.1.11、flex 和 bison 等。配置系统环境变量有两种方式:一种是人为地直接在系统变量中设置,另一种是使用批处理文件统一配置系统变量。对于第二种方法,首先创建空文本文件 txt,将其后缀改为 bat 批处理文件,再在文件中添加批处理代码,如图 9-7 所示。

其中,前三行代码中的“VS10COMNTOOLS”是指 VS 安装路径下的 Tools 路径,不同版本的 Visual Studio 存在差异;接下来两行代码指明 Windows SDK 路径,不同版本的 Windows 系统也存在差异;最后的代码是设置 OSGeo4w 的相关路径。双击该批处理文件,便会配置好所需的系统环境变量。为了确认是否配置成功,右键点击【开始】→【系统】→【高级系统设置】→【环境变量】,选中系统变量选择框中的 PATH 变量,点击【编辑】可看到如图 9-8 所示的环境变量,若缺少某环境变量则人为添加即可。

```
test.bat    ×
    0    T    10       20       30       40       50       60       70       80
 1  @echo off
 2  set VS10COMNTOOLS = E:\VS 2010\Common7\Tools
 3  call "E:\VS 2010\VC\vcvarsall.bat" x86
 4
 5  set INCLUDE=%INCLUDE%;C:\Program Files (x86)\Microsoft SDKs\Windows\v7.0A\Include
 6  set LIB=%LIB%;C:\Program Files (x86)\Microsoft SDKs\Windows\v7.0A\Lib
 7
 8  set OSGEO4W_ROOT=F:\OSGeo4W
 9  call "%OSGEO4W_ROOT%\bin\o4w_env.bat"
10  path %PATH%; %PROGRAMFILES%\CMake\bin; c:\cygwin\bin
11
12  @set GRASS_PREFIX=F:/OSGeo4W/apps/grass/grass-6.4.4
13  @set INCLUDE=%INCLUDE%;%OSGEO4W_ROOT%\include
14  @set LIB=%LIB%;%OSGEO4W_ROOT%\lib;%OSGEO4W_ROOT%\lib
15  @cmd
```

图 9-7　批处理文件

图 9-8　设置系统环境变量

9.1.4　CMake 编译源码

CMake 编译源码时主要使用 cmake-3.0.3-win32-x86 软件包，直接解压压缩包，双击 bin 文件夹中的 cmake-gui.exe，主界面如图 9-9 所示。

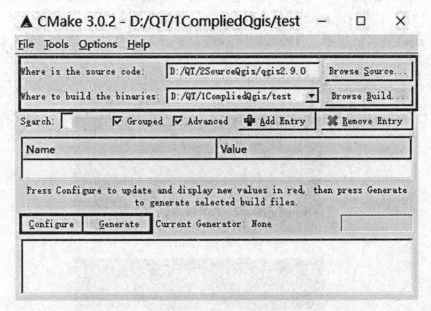

图 9-9　CMake 主界面

其中 where is the source code 选项为解压后的源码路径，where to build the binaries 选项为编译后生成 IDE 工程的文件路径。设置完路径之后，点击【Configure】按钮开始配置，第一次配置时需要选择生成工程的类型，本书中以 VS 2010 为示例，如图 9-10 所示。

图 9-10　选择生成工程类型

点击【Finish】后，CMake 开始首次编译。一般来说，首次编译会报很多错误，红色标注的均为有错误的配置。在 Name 属性栏下有很多属性字段，其中 With 项控制 Cmake 编译 QGIS 源码时包含的功能项，可根据 QGIS 二次开发实际需求的功能进行选择，在本书中勾选" WITH _ DESKTOP "、" WITH _ INTERNAL _ QEXTSERIALPORT "、" WITH _ POSTGRESQL"、"WITH_QSCIAPI、WITH_STAGED_PLUGINS"即可满足绝大多数的功能要求。若还需要其他功能，则需要使用 OSGeo4W 下载其他的依赖库文件，如图 9-11 所示。

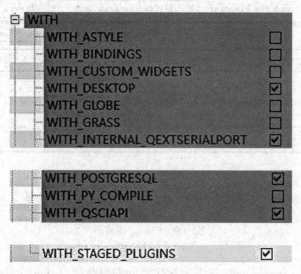

图 9-11　设置 with 选项

另外，为了在提取软件安装包时方便，将 CMAKE 项中"CMAKE_INSTALL_PREFIX"的路径改为 D 盘(或者 F 盘)下的路径(默认情况下是 C 盘)，因为 C 盘下会因为权限问题导致提取失败，如图 9-12 所示。

CMAKE	
CMAKE_CONFIGURATION_TYPES	Debug;Release;MinSizeRel;RelWithDebInfo
CMAKE_CXX_FLAGS	/DWIN32 /D_WINDOWS /W3 /GR /EHsc
CMAKE_EXE_LINKER_FLAGS_RELWI...	/debug /INCREMENTAL
CMAKE_INSTALL_PREFIX	D:/Program Files (x86)/qgis2.8.9
CMAKE_LINKER	E:/VS 2010/VC/bin/link.exe

图 9-12　设置提取安装包路径

设置完成之后，再点击【Configure】。可以看到输出栏中显示配置成功，再点击【Generate】生成工程，便完成了 CMake 编译源码部分，在编译路径可以看到生成的 sln 工程，如图 9-13 所示。

在配置过程中可能会遇到很多的找不到文件错误，一般来说是因为系统配置环境变量时出现了差错，但该类错误通过手动选择缺失库文件路径即可解决。

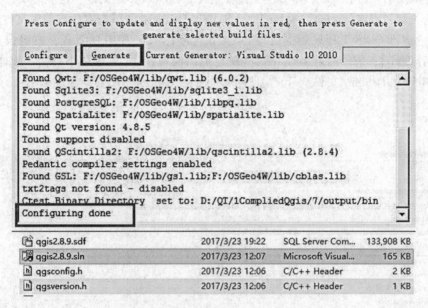

图 9-13 生成 sln 工程

9.1.5 提取 QGIS 二次开发库文件

提取到 sln 工程文件后，双击 qgis2.8.9.sln 打开工程，可以看到解决方案中共有 145 个工程。首先，将编译模式改成 RelWithDebInfo Win32 平台，再在解决方案中找到 qgis 工程，右键点击"设置为启动项"，再按 F5 键开始执行程序，如图 9-14 所示，运行时由于费时较多，需要耐心等待。

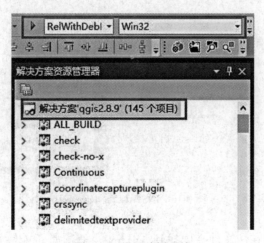

图 9-14 设置编译环境

编译成功后，可在 sln 工程文件中查看生成的 lib 和 dll 库文件，这些库文件是进行二次开发的关键，点击【output】→【bin】→【RelWithDebInfo】便可查看生成的库文件和可执行 exe 程序。运行 QGIS 工程只能生成核心的 dll，选中 ALL_BUILD 工程，右键设置为启动项，点击【编译】，编译时若出现"cmd. exe 已退出类似错误"可以暂不理会。编译成功后，可以在 RelWithDebInfo 文件夹下看到生成的完整 QGIS 程序，点击 qgis. exe，如图 9-15 所示。

图 9-15　运行生成 QGIS 工程

QGIS 二次开发时，最为关键的是使用编译生成的 dll 和 lib 库文件，在 RelWithDebInfo 文件夹下生成的 dll 显得较为混乱，因此我们选中解决方案中的 INSTALL 工程，右键设为启动项并点击运行，成功后将在 CMake 编译时设置的路径下生成一个规范的 QGIS 程序，其中 lib 文件夹中包含二次开发关键的 qgis. lib、qgis_analysis. lib、qgis_app. lib、qgis_core. lib、qgis_gui. lib、qgis_networkanalysis. lib，在 bin 文件夹中包含相应的 dll，如图 9-16 所示。

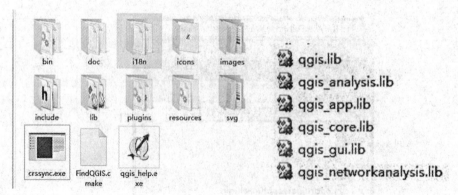

图 9-16　INSTALL 提取安装包

点击 bin 文件夹，在该文件夹中找到 qgis. exe，查看是否能够正常运行。一般出错的类型为以下两种：

①提示应用程序无法正常启动，缺少 *. dll。将 Qt4. 8. 5 安装路径下 bin 文件夹中的

dll 拷贝到 INSTALL 提取的安装包中；若还缺少 dll，则将 OSGeo4w 下载的依赖库中 bin 文件夹的 dll 也拷贝进来。

②能正常运行，但是界面图标无法正常显示。将 QT4.8.5 安装路径中 src \ plugins \ imageformats 文件夹拷贝到 INSTALL 提取的安装包 bin 文件夹下即可。至此，QGIS 源码编译工作完成，进行二次开发时便可直接调用该提取安装包中的库函数。

9.2　配置 VS 2010 开发环境

首先确定 qt-vs-addin-1.1.11 插件已经安装成功，安装成功后在 VS2010 主界面就会存在名称为 Qt 的菜单栏。本书介绍 QGIS 二次开发主要是基于 VS2010 C++平台，需要将 QGIS 编译好的库文件引用到 Qt 工程中来，也就是配置好 VS2010 工程环境。接着，创建一个 Qt 工程，打开 Visual Studio 2010 软件，点击新建项目后再点击 Qt4 Projects，选中 Qt Application 选项，并为工程设置储存路径和工程名，点击【确定】按钮创建 Qt 工程，如图 9-17 所示。

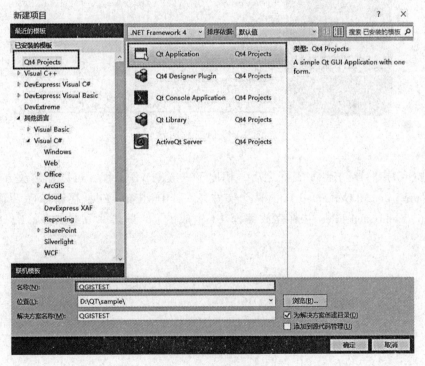

图 9-17　创建 Qt 工程

点击【确定】后，出现 Qt4 GUI 工程向导界面，主要包括 Overview、Project Setting 和 Generated Class 三个设置。大致步骤如下：

①Overview 主要描述 Qt 的模块组成，点击【下一步】即可；

②Project Setting 主要为创建的工程项目选择需要包含的 Qt 库，默认选择了 Core

library 和 GUI library 两个 Qt 库，另外还需要勾选 XML library，否则 Qt 工程将不具有与
XML 有关的函数库，选择完后再点击【下一步】；

③Generated Class 主要为工程生成的类，保持默认即可，点击【Finish】按钮完成，如
图 9-18 所示。

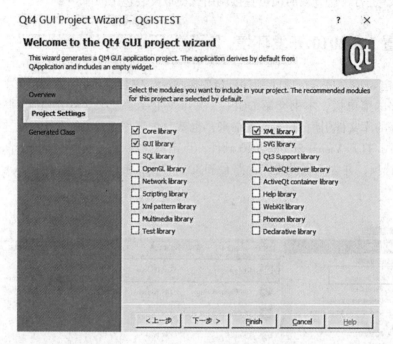

图 9-18　Qt 工程向导

通过 QtGUI 向导创建 Qt 工程之后，相比于一般的 VS 工程，可以在解决方案管理器
处看到 Form Files 和 Generated Files 两个文件夹。其中，Form Files 存储着 Qt 界面 UI 文件
qgistest. ui，Generated Files 主要存放编译 UI 生成的 . h 头文件 ui_qgistest. h，如图 9-19
所示。

图 9-19　解决方案文件

由于编译 QGIS 源码时是在 RelWithDebInfo 模式下，因此编译好的 QGIS 库文件多为 release 库，我们需要将刚创建的 Qt 工程运行环境设置为 Release Win32，此时可以点击运行，查看能否正常运行出一个空白界面，如图 9-20 所示。

图 9-20　运行环境

为了能够引入编译好的 QGIS 库文件，在解决方案栏中选中 QGISTEST 工程，右键选择【属性】，出现 QGISTEST 属性页。配置过程主要为以下 4 个步骤：

1. 添加附加包含目录

点击【C/C++】→【常规】→【附件包含目录】，在附加包含目录中添加提取到的 QGIS 安装包的 Include 文件。图 9-21 中的 qgis2.8.9 路径是 9.1 节中编译提取到的 QGIS 安装包路径。

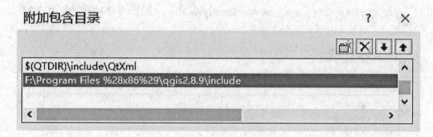

图 9-21　添加附加包含目录

2. 添加预处理命令

点击【C/C++】→【常规】→【预处理器】，添加预处理定义，包括 GUI_EXPORT＝__ declspec(dllimport)、ANALYSIS_EXPORT＝__declspec(dllimport)、CORE_EXPORT＝__ declspec(dllimport)三个预处理语句，如图 9-22 所示。

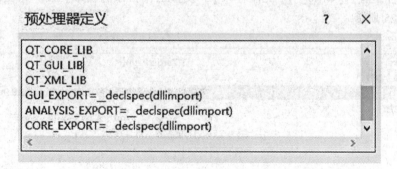

图 9-22　设置预处理器

163

3. 添加附加库目录

点击【链接器】→【常规】→【附加库目录】，添加提取到的 QGIS 安装包的 lib 文件路径，如图 9-23 所示。

图 9-23　添加附加库目录

4. 输入附加依赖项

点击【链接器】→【输入】→【附加依赖项】，添加 qgis. lib、qgis_app. lib、qgis_core. lib、qgis_gui. lib、qgis_analysis. lib、qgis_networkanalysis. lib，如图 9-24 所示。

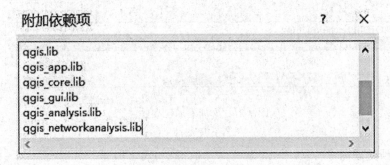

图 9-24　附加依赖项

5. 设置工作目录

点击属性配置→【调试】→【工作目录】，设置工作目录为提取 QGIS 安装包的 bin 路径，如图 9-25 所示。

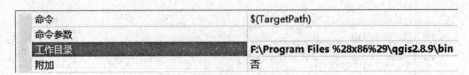

图 9-25　工作路径

至此，VS 2010 工程环境配置已经完成。

9.3 加载数据功能

工程环境配置好后，我们首先讲解数据加载功能实例开发。QGIS 功能强大，支持多种数据的加载，包括矢量数据、栅格数据、Web 地图服务数据、数据库中的数据以及文本数据。矢量数据主要是指 shpfile 文件；栅格数据可以是含地理信息的 tif 格式文件，也可以是各种格式的图片（如 Bmp、Jpeg 等）；Web 地图服务主要包括网络地图服务（Web Map Service，WMS），网络要素服务（Web Feature Service，WFS）和网络覆盖服务（Web Coverage Server，WCS），通过特定的 URL 便可以获取网上开源的数据服务；数据库中的数据主要指 QGIS 连接 PostGIS 数据库中图层数据；文本数据主要是指 txt，csv 等格式的数据，确定数据中的经纬度和坐标参考系后，便可添加到图层中去，也可将添加的文本数据转换为矢量数据。本节主要讲述矢量、栅格数据，Web 地图服务数据以及文本数据加载功能的二次开发。

9.3.1 加载矢量数据

矢量数据加载主要是针对 *.shp 数据，我们沿用 9.2 节中创建的 QGISTEST 工程，首先双击解决方案中的 UI 文件 qgistest.ui，弹出 Qt 设计师主界面。在 qgistest.ui 中添加菜单文件以及添加矢量数据按钮，并设置两者的对象名称，如图 9-26 所示。

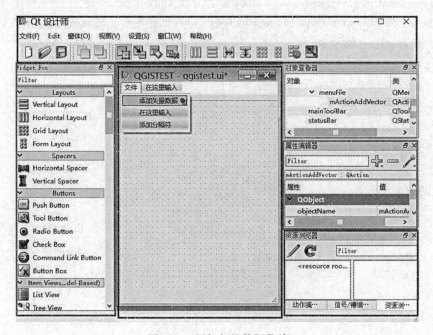

图 9-26 添加矢量数据菜单

图 9-26 为 Qt 界面设计的一般形式。其主界面包含 Widget Box、对象查看器、属性编

辑器、动作编辑器和 UI 界面 5 个主要部分，其具体功能如下：

1. UI 界面

UI 界面是工程中 UI 文件在 Qt 设计师中的体现，与 C#的界面设计 Form 类似，可以将各种控件拖曳到该界面容器中去。

2. Widget Box

Widget Box 包含各类控件小窗口，可以拖曳至 UI 界面中。

3. 对象查看器

对象查看器主要是包含了 UI 界面中所有的控件对象，包含对象名称和对象类型。

4. 属性编辑器

属性编辑器可以对某一控件对象的属性进行编辑，如对象名称修改、设置对象图标、字体大小颜色等。

5. 动作编辑器

动作编辑器一般与信号/槽编辑器、资源浏览器合并在一起，动作编辑器主要负责新建对象、图标设置以及快捷键操作等功能；信号/槽编辑器，主要是设置控件对象的信号和槽函数，资源浏览器主要是指图标资源。

编辑好 UI 文件后，保存再关闭 Qt 设计师。回到 VS 工程中，首先双击 qgistest.h，在 #Include 部分添加引用<Qlist>、<qgsmapcanvas.h>、<qgsmaplayer.h>，其中 Qlist 主要是 Qt 的链表类，qgsmapcanvas 为 QGIS 控制画布、图层显示的类，qgsmaplayer 为 QGIS 控制图层操作的类。再在头文件 public slots 处申明槽函数 addVectorLayers()，另外还需要定义 QgsMapCanvas 和 QList<QgsMapCanvasLayer>两个类的私有变量，qgistest.h 完整代码如下：

```
#ifndef QGISTEST_H
#define QGISTEST_H
#include <QtGui/QMainWindow>
#include "ui_qgistest.h"
//Qt include
#include <QList>
//QGis include
#include <qgsmapcanvas.h>
#include <qgsmaplayer.h>
class QGISTEST : public QMainWindow
{
    Q_OBJECT
public:
    QGISTEST(QWidget * parent = 0, Qt:: WFlags flags = 0);
    ~QGISTEST();
private:
    Ui:: QGISTESTClass ui;
    QgsMapCanvas * mapCanvas; //地图画布
```

```
        QList<QgsMapCanvasLayer> mapCanvasLayerSet; //地图画布所用的图
层集合
    public slots:
        void addVectorLayers(); //添加矢量数据槽函数
    };
    #endif //QGISTEST_H
```

在 qgistest. cpp 中主要为初始化变量并实现申明的函数。首先初始化变量，在 QGISTEST 中初始化画布变量，并设置画布属性，另外建立 connect 信号/槽函数响应，当点击 mActionAddVector 对应的按钮时，便响应 addVectorLayer( )函数，代码如下所示：

```
    //原有部分省略,使用"……"省略号表示
    //Qt include
    #include <QDialog>
    #include <QFileDialog>
    #include <QMessageBox>
    //QGis include
    #include <qgsvectorlayer.h>
    #include <qgsmaplayerregistry.h>
    QGISTEST::QGISTEST(QWidget *parent,Qt::WFlags flags)
        : QMainWindow(parent,flags)
    {
        ui.setupUi(this);
        mapCanvas = new QgsMapCanvas(); //新建图层画布
        this→setCentralWidget(mapCanvas);//居中显示
        mapCanvas→enableAntiAliasing(true);
        mapCanvas→setCanvasColor(QColor(255,255,255));
        mapCanvas→setVisible(true);
        //connections ,信号/槽响应函数
        connect(ui.mActionAddVector,SIGNAL(triggered()),this,
    SLOT(addVectorLayers())); //添加矢量数据
    }
```

当点击 UI 界面中的 mActionAddVector 对应的控件时，addVectorLayer 响应，弹出 shp 矢量数据选择对话框，并根据用户选择加载矢量数据，该函数完整代码如下所示：

```
    void QGISTEST::addVectorLayers()
    {
        //1.打开文件选择对话框
        QString filename = QFileDialog::getOpenFileName(this,tr("
    open vector"),"","*.shp");
        QFileInfo fi(filename);//文件信息类
        QString basename = fi.baseName();//获取文件基名称
```

```
    //2 创建 QgsVectorLayer 类
    QgsVectorLayer * vecLayer = new QgsVectorLayer (filename,
basename,"ogr",false);
    if (!vecLayer→isValid()) //如果图层不合法
    {
        QMessageBox::critical(this,"error","layer is invalid");
return;
    }
    //3 注册添加矢量数据,并添加到画布中去
    QgsMapLayerRegistry::instance()→addMapLayer(vecLayer);
    mapCanvasLayerSet.append(vecLayer);//添加
    mapCanvas→setExtent(vecLayer→extent());//设置显示范围
    mapCanvas→setLayerSet(mapCanvasLayerSet); //设置
    mapCanvas→setVisible(true);//设置是否可视
    mapCanvas→freeze(false);
    mapCanvas→refresh();//刷新
}
```

QGISTEST 作为 main 函数中调用的一个类, 在 main. cpp 中初始化应用程序以及 QGISTEST 类, 并通过该类来实现矢量数据的加载, 其全部代码如下所示:

```
#include "qgistest.h"
#include <QtGui/QApplication>
//Qgis Qt
#include<qgsapplication.h>
#include<QApplication>
int main(int argc,char *argv[])
{
    QApplication a(argc,argv,true);
    //1 关键代码,设置预处理路径,为提取到的 QGIS 安装包
    QgsApplication:: setPrefixPath ( " F:/Program Files (x86)/
qgis2.8.9",true);
    QgsApplication::initQgis(); //初始化
    QGISTEST w; //申明 QGISTEST 类
    w.show(); //显示主界面
    return a.exec();//开始执行
}
```

点击启动调试或单击 F5 键, 并选择文件路径便可以加载矢量数据 shp, 如图 9-27 所示。

另外, 由于我们设置运行环境为 Release 模式, 是不能直接进行调试的。但在多数情况下, 不调试时很难使程序正常运行的, 因此需要进行环境设置:

单击右键, 选择【工程】→【C/C++】→【常规】, 设置调试信息格式为程序数据库 (/Zi);

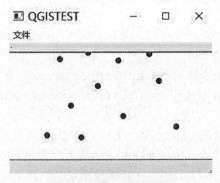

图 9-27 添加点矢量数据

单击右键，选择【工程】→【C/C++】→【优化】，设置优化为已禁用 (/Od)；

单击右键，选择【工程】→【链接器】→【调试】，设置生成调试信息为"是"(/DEBUG)。

9.3.2 加载栅格数据

加载栅格数据实现思路与加载矢量数据基本类似。由于篇幅所限，在后面的功能中我们将只介绍功能实现的核心步骤和关键代码，具体的功能实现代码可以从 CMake 编译出的 sln 工程文件中参考，相关的类可以参考官方的 API 文档。

对于添加栅格数据功能而言，其主要是 QgsRasterLayer 类来实现的。同样需要在QGISTEST.cpp 初始化函数中添加按钮的响应函数，当点击 UI 界面中添加的mActionAddRaster 控件时，便会激活 addRasterLayers()函数，Connect 函数代码如下所示：

```
/* QGISTEST.cpp */
connect(ui.mActionAddRaster,SIGNAL(triggered()),this,
SLOT(addRasterLayers()));
```

addRasterLayers()函数主要实现新建栅格地图并添加到主界面的画布中去，原理与矢量数据加载基本类似，其核心代码如下：

```
/* addRasterLayers()函数——QGISTEST.cpp */
void QGISTEST::addRasterLayers()
{
    QString filename = QFileDialog::getOpenFileName(this,tr("
open vector"),"",
                    "image(*.jpg *.png *.bmp);;remote sensing
image(*.tif)");
    if (filename == ""){ return; }  //如果没有选中栅格数据,则返回
    QFileInfo fi(filename); //QFileInfo 类,获取文件路径信息
    QString basename = fi.baseName();//获取栅格数据名称
//根据文件存放的路径,栅格的名称,创建一个 QgsRasterLayer 类
    QgsRasterLayer * rasterLayer = new QgsRasterLayer(filename,
basename,"gdal",false);
```

```
        if (! rasterLayer→isValid()) { return; }
```
/如果栅格图层不合法,则返回

```
        QgsMapLayerRegistry::instance()→addMapLayer(rasterLayer);
```
//注册图层

```
        mapCanvasLayerSet.append(rasterLayer); ;
```
//添加到画布图集中去

```
        m_mapCanvas→setExtent(rasterLayer→extent());
```
//设置显示的范围为当前图层范围

```
        m_mapCanvas→setVisible(true);
```
//设置可见性

```
        m_mapCanvas→freeze(false);
```
//设置是否冻结对图层的操作

```
        m_mapCanvas→refresh();
```
//刷新图层

```
}
```

点击启动调试或单击 F5 键,并选择文件路径便可以加载栅格,如图 9-28 所示。

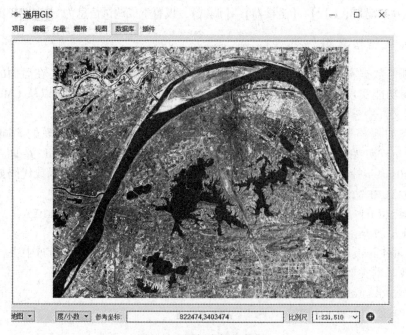

图 9-28　添加点栅格数据

9.3.3　加载文本数据

文本数据主要是针对含有地理坐标数据的文本文件,Qgis 支持的文本数据包括 txt、csv、dat、wkt 等格式。首先,需要在 QGISTEST.cpp 中添加响应函数,当用户点击 UI 界面中添加的 **mActionAddDelimitedText** 按钮后便响应 addDelimitedTextLayer()函数,核心代码如下:

```
/* QGISTEST.cpp */
connect(ui.mActionAddDelimitedText,SIGNAL(triggered()),this,
```

```
SLOT(addDelimited TextLayer())); //创建 connect 响应函数
    /* addDelimitedTextLayer()函数 QGISTEST.cpp */
    void QGISTEST::addDelimitedTextLayer()
    {
        //显示添加文本数据对话框,所有文本添加和选择的响应函数全部集中封装
        QDialog *dts = dynamic_cast<QDialog * >(QgsProviderRegistry::in-
stance()→select Widget("delimitedtext",this));
        //当 dts 中发出信号 addVectorLayer 时,便响应 qgis_dev.cpp 中的 addSe-
lected VectorLayer 函数
        connect(dts,SIGNAL(addVectorLayer(QString,QString,QString)),
            this,SLOT(addSelectedVectorLayer(QString,QString,QString)));
        dts→exec(); //执行,当添加文本数据操作结束后,退出对话框
        delete dts; //删除变量

    }
```

其中，dts 是对话框类，通过 selectWidget 函数可以准确地找到 delimitedtext 窗体，对于文本数据添加和选择的所有操作全部被封装在 delimitedtextprovider. dll 中，以动态库形式进行加载，被封装主要有 4 个类：qgsdelimitedtextfeatureiterator、qgsdelimited textsourceselect、qgsdelimitedtextfile、qgsdelimitedtextprovider。

其中，qgsdelimitedtextsourceselect 类主要是负责文本数据主界面布局，文本数据的选择和加载。在该类中的 getOpenFileName() 函数主要负责选择文本文件路径和文件保存路径，代码如下：

```
    /* getOpenFileName()函数 —qgsdelimitedtextsourceselect.cpp */
    void QgsDelimitedTextSourceSelect::getOpenFileName()
    {

        QSettings settings; //获取设置
        //通过设置类获取选择过滤器
        QString selectedFilter = settings.value(mPluginKey + "/file_
filter","").toString();
        //打开文件夹,选择文本文件
        QString s = QFileDialog::getOpenFileName(this,tr("选择要打开的
文本文件"),
        settings.value(mPluginKey + "/text_path","./").toString(),tr("
Text files") + "( *.txt *.csv *.dat *.wkt);;"+ tr("All files") + "
( * *.*)",&selectedFilter);
        if (s.isNull()) return; //如果没有选择文件,返回
        settings.setValue(mPluginKey + "/file_filter",selectedFil-
ter); //保存默认路径
        txtFilePath→setText(s); //将文件路径显示在文本框 txtFilePath 中

    }
```

当 txtFilePath 文本中的内容发生改变时，便会激活 updateFileName( ) 函数。该函数负责设置文本数据图层名，一般使用文本文件名为图层名称。核心代码如下所示：

```
/* updateFileName()函数 —qgsdelimitedtextsourceselect.cpp */
void QgsDelimitedTextSourceSelect::updateFileName()
{
    QString filename = txtFilePath→text();//filename 设置为文件路
径文本中的值
    QFileInfo finfo(filename);//获取文件信息
    txtLayerName→setText(finfo.completeBaseName());//图层名称文
本框的值赋值为文件名
    loadSettingsForFile(filename);//加载文件设置,判断文件的类型是否
发生改变
    updateFieldsAndEnable();//更新文件属性字段和加载可用性
}
```

loadSettingsForFile ( ) 函 数 主 要 实 现 判 断 加 载 的 文 件 类 型 是 否 发 生 改 变。updateFieldsAndEnable( ) 函数中包含两个子函数：updateFieldLists( ) 和 enableAccept( )。前者是为了实现将文本数据先预加载到 QgridFrame，它是 Qt 中用来显示数据控件，类似于 C#中的 DataGridView 控件，并确定加载数据的 XY 坐标列；后者是当预加载数据完成后，判断新建的图层是否有效，检验主要包括文本数据源格式和坐标列数据等是否正确，若正确则文本数据对话框中的确定按钮由灰显变成可用。其核心代码如下：

```
/* updateFiledLists()函数 —qgsdelimitedtextsourceselect.cpp */
void QgsDelimitedTextSourceSelect::updateFieldLists()
{
    QString columnX = cmbXField→currentText();  //更新 X,Y 下拉框中
的选项；
    QString columnY = cmbYField→currentText();//下拉框主要标明坐标
XY 对应的字段
    QString columnWkt = cmbWktField→currentText();
    cmbsField→clear();//清空原有下拉框内容
     tblSample → clear ( );  //tblSample 是 显 示 文 本 数 据 的 容 器,
gridFrame 类
    tblSample→setColumnCount(0);//重更新,行列设置为 0
    tblSample→setRowCount(0);
    int counter = 0; //用于记录数据的行数
    QStringList values;//数据字段,用于记录
//mExampleRowCount 预设的一个较大的值,超过该范围则不再预加载数据到
Qgridframe 中
    while (counter< mExampleRowCount)
```

```
        {
            // QgsDelimitedTextFile 类,用来从 QTextStream 类中读取记录到
QStringList 类中
            QgsDelimitedTextFile::Status status = mFile→nextRecord
(values);//逐行读取
            if (status == QgsDelimitedTextFile::RecordEOF) break;//sta-
tus 是否为文件末
            counter++; //行数加 1
            int nv = values.size(); //列数
            tblSample→setColumnCount(nv);//设置列数
            tblSample→setRowCount(counter);//设置行数
            for (int i = 0; i < tblSample→columnCount(); i++)//遍历每一个
数据项
            {
                QString value = values[i];//从 values 取出某一列数据
                QTableWidgetItem *item = new QTableWidgetItem(value);//填
充表格窗体数据项
                tblSample→setItem(counter -1,i,item); //设置数据项到
tblSample 中的指定位置
            }
        }

        QStringList fieldList = mFile→fieldNames(); //文件中属性列字段
        tblSample→setHorizontalHeaderLabels(fieldList);//设置水平头
标签为:fieldList
        tblSample→resizeColumnsToContents();//根据表内容重新布局行和列
        tblSample→resizeRowsToContents();
        //在字段列中寻找是否存在经纬度信息的字段,或者 X,Y/east,north,等,避免
随机选取坐标值
        trySetXYField(fieldList,"longitude","latitude");
        //重新设置 XY 下拉框的值
        cmbWktField→setCurrentIndex(cmbWktField→findText(column-
Wkt));
        cmbXField→setCurrentIndex(cmbXField→findText(columnX));
        cmbYField→setCurrentIndex(cmbYField→findText(columnY));
    }

    /* enableAccept()函数——qgsdelimitedtextsourceselect.cpp */
    void QgsDelimitedTextSourceSelect::enableAccept()
```

```
    {
      bool enabled = validate(); //验证源数据格式,坐标列等是否有效
//若有效,则可以确定取消组合按钮 buttonBox 由灰显变成可选
      buttonBox→button(QDialogButtonBox::Ok)→setEnabled(enabled);
    }
```

其中, QgsDelimitedTextFile 类的主要作用是将文本数据中的数据项传递给 QstringList 类, mFile 是 QgsDelimitedTextFile 类的一个实例, 它包含了整个文本文件的信息, 包含文件路径、编码方式、数据类型和数据项等, 通过该类的 nextRecord 函数逐行读取数据, 并将数据值赋给 QstringList 类型的 values, values 中包含文本数据中的一行数据。QTableWidgetItem 类可将 String 类型的单个字符串转成为单个数据项 item, 再通过 gridFrame 类中的 setItem 函数将 item 读取到数据容器的指定位置上。

在数据预览加载完成后, 可以在文本数据对话框主界面看到对应的数据, 如果 XY 坐标数据默认列有误, 可以人为选择坐标列, 图层名称 txtLayerName 也可修改。经过适当的参数选择后, 点击 buttonBox 中的确定按钮将文本数据添加到画布中去时, 则会响应 on_buttonBox_accepted() 函数, 通过 mFile 的 URL 定位到文本文件, 再发射出添加图层的信号来实现将文本数据添加到主界面画布中显示, 核心代码如下:

```
/* on_buttonBox_accepted()函数 —qgsdelimitedtextsourceselect.
cpp */
    void QgsDelimitedTextSourceSelect:: on_buttonBox_accepted()
    {
      QUrl url = mFile→url();//获取文本文件的 URL
      saveSettings();   //保存设置
      saveSettingsForFile(txtFilePath→text()); //保存文件路径
//发出信号,添加至图层。dataProvider 类型为 delimitedtext,与 org,gdal
类似
      emit addVectorLayer(QString::fromAscii(url.toEncoded()),txt-
LayerName→text(),"delimitedtext");
      accept(); //对话框的确定信息

    }
```

Emit 发出信号后, QGISTEST. cpp 中 addDelimitedTextLayer() 函数中的 connect() 识别该信号, 并执行 addSelectedVectorLayer() 函数。在 addSelectedVectorLayer() 函数中调用了 QGISTEST. cpp 中的 addVectorLayer() 函数, 其实质就是 addVectorLayer() 函数, 再根据信号中传入的三个参数: 文件路径、文件名和文件类型添加文本数据到画布中显示。

点击 F5 键运行, 点击【添加文本数据】按钮, 首先出现如图 9-29 所示的界面。

在该界面中点击浏览选择文本文件, 在文件名称处会显示加载文件的路径, 不同类型的文件格式可以在界面中文件格式栏选中对应的支持格式; 同时, 图层名称是可以依据需要修改, 默认为文本文件名; 在横坐标和纵坐标下拉框中选择 XY 坐标对应的属性字段,

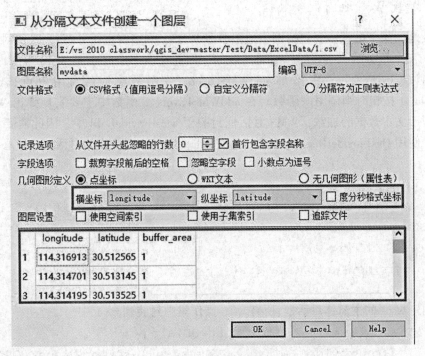

图 9-29 选择文本数据

可以依据界面中数据表显示的文本数据准确选择对应的字段。选择完成后，点击【确定】按钮，在主窗体的画布中便成功添加了 mydata 文本数据，如图 9-30 所示。

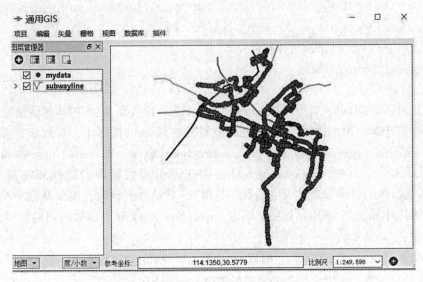

图 9-30 添加文本数据图层

9.3.4　加载 Web 地图服务数据

　　Web 地图服务数据主要包括网络地图服务 WMS、网络要素服务 WFS 以及网络覆盖服务 WCS。三个服务功能实现的思路是一致的，因此在本书中以添加 WMS 为例进行讲解。首先，在 QGISTEST.cpp 中添加 addWMSLayers（）函数响应，当用户点击 mAction AddWMSlayer 按钮时则调用该函数。在 addWMSLayers（）函数中主要实现弹出 WMS 对话框，类似于文本数据的加载，WMS 对话框封装于 wmsProvider.dll 中，因此需要调用该对话框时，使用 QgsProviderRegistry 类的 selectWidget 来选择对应窗体对话框，核心代码如下所示：

```
/* QGISTEST.cpp */
connect(ui.mActionAddWMSlayer, SIGNAL(triggered()), this, SLOT
(addWMSLayers()));
/* QGISTEST.cpp */
void qgis_dev::addWMSLayers()
{
//创建 WMS 的主窗体对话框,所有 WMS 操作集中封装到 dll 中
    QDialog *wms = dynamic_cast<QDialog *>
        (QgsProviderRegistry::instance()→selectWidget(QString("
wms"),this));
//当 wms 中发出 addRasterLayer（）信号时,则响应 addOpenSourceRaster-
Layer()函数
    connect(wms,SIGNAL(addRasterLayer(QString const &,QString const
&, QString const&)), this, SLOT(addOpenSourceRasterLayer(QString
const &,QString const &,QString const &)));
    wms→exec();//执行操作
    delete wms;//删除
}
```

　　wms 是对话框 QDialog 类，通过 selectWidget 函数可地找到 WMS 窗体对话框控件，对于网络地图服务选择和添加的所有操作全部被封装在动态链接库中，被封装的类有 6 个：qgswmssourceselect、qgswmsprovider、qgswmsconnection、qgswmsdataitems、qgstilescalewidget、qgswmtsdimensions。其中，qgswmssourceselect 类主要负责数据源的选择和加载，控制着 WMS 对话框窗体的显示和众多响应函数。当 WMS 对话框打开时，需要新建一个 WMS 连接，点击界面中添加的 btnNew 按钮，响应 on_btnNew_clicked（）函数来创建连接，核心代码如下所示：

```
/* on_btnNew_clicked()函数 ——qgswmssourceselect.cpp */
void QgsWMSSourceSelect::on_btnNew_clicked()
{
    QgsNewHttpConnection *nc = new QgsNewHttpConnection(this); //
```

实例化 Http 连接类 nc

```
    populateConnectionList();  //填充连接列表
    emit connectionsChanged();  //发出连接改变信号
    nc→exec();  //执行
    delete nc;
}
```

其中，QgsNewHttpConnection 类也是一个对话框类，能够提供输入连接名称(用户自定)、URL(网络地图服务 WMS 地图服务的域名地址)、账号和密码(如果服务需要验证的话)等接口。一般来说，对于开放的 WMS，输入 URL 和用户名即可，通过对用户输入的域名便可以判断用户输入的具体请求服务(区分 WMS、WFS 和 WCS)。当 URL 确定之后，便可以进行连接操作，点击连接按钮 btnConnect，便会响应函数 on_btnConnect_clicked()，核心代码如下所示：

```
/*on_btnNew_clicked ()函数 ——qgswmssourceselect.cpp */
void QgsWMSSourceSelect:: on_btnConnect_clicked()
{
    clear();  //清空
    mConnName = cmbConnections→currentText();  //下拉框中的名称
//初始化 QgsWMSConnection 类,用于连接
    QgsWMSConnection connection(cmbConnections→currentText());
    mUri = connection.uri();  //获取连接的 URI(统一资源标识符)
    QgsWmsSettings wmsSettings;  //WMS 的设置类
    if (! wmsSettings.parseUri(mUri.encodedUri())) {return;}  //赋值
URI 到设置中
    //QgsWmsCapabilities 类中的一个子类,负责下载服务数据
    QgsWmsCapabilitiesDownload capDownload(wmsSettings.baseUrl(),
wmsSettings.authorization());  //初始化
    bool res = capDownload.downloadCapabilities();  //下载能力描述文
档,描述元数据
    QgsWmsCapabilities caps;
     if (! caps.parseResponse ( capDownload.response ( ), wmsSet-
tings.parserSettings()))
    {return;}  //检查是否请求数据有响应回复,以及请求数据的格式是否满足要求
    mFeatureCount→setEnabled(caps.identifyCapabilities() ! = Qg-
sRasterInterface::NoCapabilities);  //获取要素信息的要素数量限制
    //负责将请求到的数据图层名称加载到 lstLayers(QTreeWidget)图层列表中显
示,便于用户选择其中一个地图服务进行加载
    populateLayerList(caps);
    mTileLayers = caps.supportedTileLayers();  //将所支持的瓦片图层加载
```

到 mTileLayers 中

　　}

　　QgsWmsCapabilities 类和 QgsWmsCapabilitiesDownload 类主要是负责连接并下载 Internet 上的网络服务数据，判断发出的请求是否有响应以及请求到的数据是否正常，数据格式是否满足规范格式。populateLayerList（) 函数主要是将读取到的 WMS 图层名显示到 QTreeWidget 类的图层列表中，便于用户选择加载其中的一个或多个图层。当选中所需图层后，点击【添加】按钮，便会响应 addClicked( ) 函数，根据 URI 和图层名发出添加栅格图层的信号，从而实现将 WMS 数据添加到主界面的画布中去，其核心代码如下所示：

```
/* addClicked()函数 ——qgswmssourceselect.cpp */
void QgsWMSSourceSelect::addClicked()
{
    QStringList layers; //图层路径集
    QString crs;//参考系
    QgsDataSourceURI uri = mUri; //数据源的 uri
    //网片集,读取被选中瓦片数据项到 item 中,读取第一行的属性值
    QTableWidgetItem * item = lstTilesets→selectedItems().first();
    layers = QStringList(item→data(Qt::UserRole + 0).toString());
    crs    = item→data(Qt::UserRole + 1).toString();
    const QgsWmtsTileLayer * layer = 0; //初始化 layer,用于储存瓦片图层
    foreach (const QgsWmtsTileLayer &l,mTileLayers) //查找选中的瓦片
图层
    {
      if (l.identifier == layers.join(",")) {layer = &l;break;}
    }
    if (! layer) return; //判断是否存在该图层
    uri.setParam("layers",layers);//设置 URI 参数,图层路径
    uri.setParam("crs",crs);//设置图层参考系
    //发出添加栅格数据的信号,本质上 WMS 就是栅格图片的形式
    emit addRasterLayer(uri.encodedUri( ),leLayerName→text( ),"
wms");//添加栅格数据
}
```

　　当发出 addRasterLayer 信号时，就会触发前面所提及的 addOpenSourceRasterLayer( )函数，该函数本质上就是 QGISTEST. cpp 中的 addRasterLayer( )函数，通过 URI、图层名和图层数据类型三个参数来实现数据加载 WMS 栅格数据。

　　点击 F5 键运行后，在主界面点击添加 WMS 图层按钮，在主界面中点击【新建】按钮便会弹出新建 WMS 对话框，如图 9-31 所示。

　　在该对话框中最为关键的是网址栏，本书中使用的 URL 链接为：http：// ows. terrestris. de/osm/service，名称栏可以自由设置，如 jiangone。点击【OK】按钮返回上

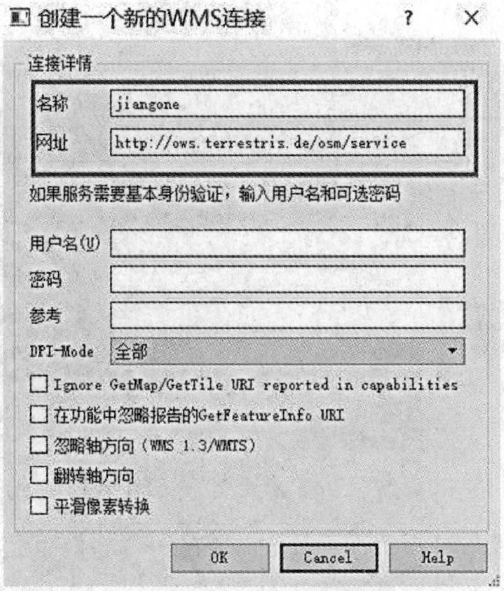

图 9-31 新建 WMS 连接

一界面。再点击【连接】按钮，在连接表中便会显示可以连接的 WMS，如图 9-32 所示。

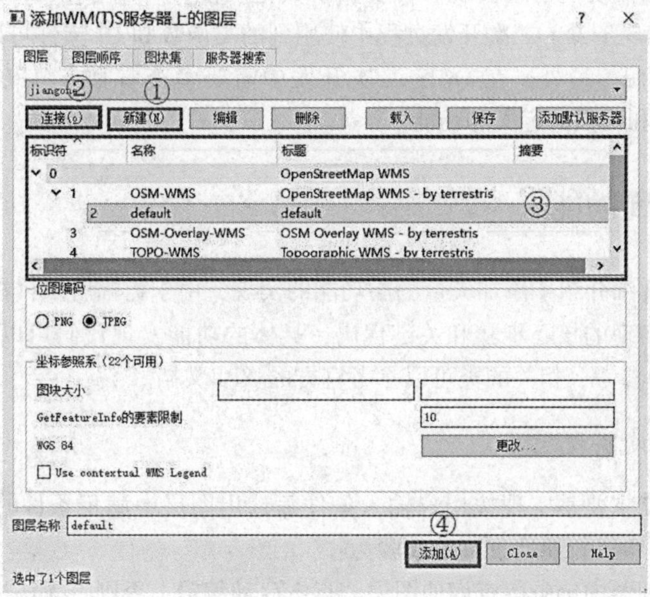

图 9-32 选择 WMS 图层

如图 9-32 所示，选中 default 图层，点击【添加】按钮便会将从 OpenStreeMap 中下载全球范围的 WMS 并添加至主界面画布中，如图 9-33 所示。

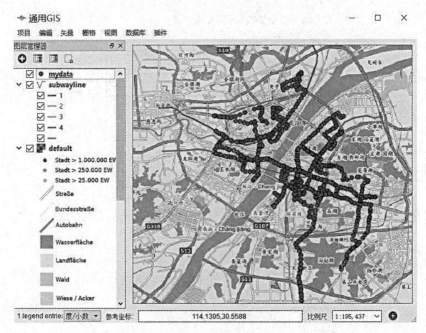

图 9-33 添加 WMS 图层

至此，添加数据功能已经实现。若要实现其他功能，可以参考 CMake 编译源码获得的 sln 工程中的实现步骤。二次开发过程中使用到的类函数和 UI 文件可以参考 QGIS 源码 src 文件夹中的资源。另外，在 QGIS 二次开发中需要多查看官方 API 说明，充分理解 QGIS 中涉及的类和函数的定义和功能。

9.4　属性查询功能

在 9.3 节中详细介绍了添加矢量图层功能的实现，由于篇幅所限，在后面的功能中我们将只介绍功能实现的核心步骤和关键代码，具体的功能实现代码可以从 CMake 编译出的 sln 工程文件中参考，相关的类可以参考官方的 API 文档。

9.4.1　属性查询实现思路

属性查询功能主要是实现按用户输入条件筛选出图层中满足条件的要素，并高亮显示。在 QGIS 软件中进行属性查询的步骤为：

①在图层管理器中选中待查询的图层，点击启动编辑，否则将无法进行查询操作；

②右键选中图层，弹出图层属性栏对话框，点击打开属性表选项，弹出属性表对话框，如图 9-34 所示；

③在属性表对话框中显示了图层的全部属性数据，点击使用表达式选择要素按钮，出现表达式选择对话框。在函数栏中，点击字段和值下拉条，弹出所有的属性字段，双击属

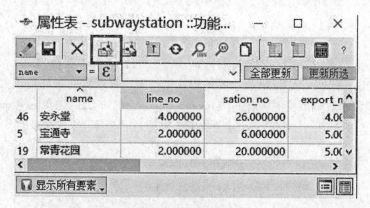

图9-34 属性表对话框

性字段在表达式栏中就会出现对应的字段名称，再按过滤条件完善表达式，最后点击【选择】按钮，便完成了属性查询操作，如图9-35所示，满足条件的要素将在属性表中被蓝色填充，在主界面的画布中将以黄色高亮显示。

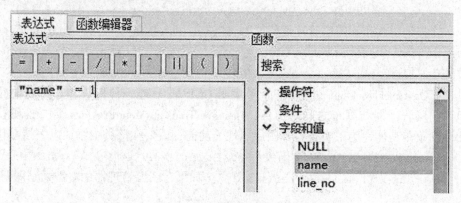

图9-35 属性查询表达式

9.4.2 创建图层管理器

了解属性查询功能实现思路后，首先需要创建图层管理器。在 QGIS 中负责图层管理器的类为 QgsLayerTreeView 类，可以在编译的 sln 工程中查看到该类的 .h 和 .cpp 代码，也可以直接在官网 API 找到该类。新建一个类，也可以直接将源码中的 QgsLayerTreeView 文件拷贝到工程下，在 QGISTEST.h 中申明该类的变量 m_layerTreeView，并在 QGISTEST.cpp 中初始化该变量，核心代码如下所示：

```
/* QGISTEST.h */
QgsLayerTreeView * m_layerTreeView;  //图层管理器
/* QGISTEST.cpp */
```

```
m_layerTreeView = new QgsLayerTreeView(this); //创建 QgsLayerTree-
View 类
    m_layerTreeView→setObjectName("theLayerTreeView");
    initLayerTreeView(); //初始化 m_layerTreeView 参数
```

其中，initLayerTreeView( )函数主要是初始化与图层管理器的布局和相关的响应函数。另外，QGIS 在调用后端数据时采用的是 model-view 机制，与 Model-View-Controller(MVC) 思想基本类似，在 initLayerTreeView( )函数中也需要进行模型-视图的绑定操作，其核心代码如下：

```
/* initLayerTreeView()函数 —QGISTEST.cpp */
//jiangone 新建图层模型类并设置属性参数
    QgsLayerTreeModel * model = new QgsLayerTreeModel(QgsProject::in-
stance()→layerTreeRoot(),this);
    //将 layerTreeView 视图与 model 关联起来
    m_layerTreeView→setModel(model);
    //设置菜单项驱动类 QgsLayerTreeViewMenuProvider,负责右键菜单函数
        m_layerTreeView → setMenuProvider (newQgsLayerTreeViewMenu-
Provider(m_layerTreeView, m_mapCanvas));
        //连接地图画布和图层管理器桥梁 QgsLayerTreeMapCanvasBridge 类
        m_layerTreeCanvasBridge = new QgsLayerTreeMapCanvasBridge(Qg-
sProject:: instance()→layerTreeRoot(), m_mapCanvas, this);
```

其中，QgsLayerTreeMapCanvasBridge 类表明 QGIS 的另外一种机制，它充当中间件功能，负责图层管理器与画布之间的通信；QgsLayerTreeViewMenuProvider 类中实现右键图层弹出浮动菜单功能，为了实现打开图层属性表功能，需要在该类中添加以下核心代码：

```
/* createContextMenu()函数 —QgsLayerTreeViewMenuProvider.cpp */
if (QgsLayerTree::isLayer(node))//如果在图层管理器中右键处是图层的话
    {
        QgsMapLayer * layer = QgsLayerTree::toLayer(node)→layer
();//获取该图层
        //创建打开属性表菜单项,与 openAttributeTableDialog()函数关联
        menu → addAction ( qgis _dev:: getThemeIcon ( " mAction
OpenTable.png"), tr("& 打开属性表"), qgis_dev:: instance(), SLOT(ope-
nAttributeTableDialog()));
```

当选中图层管理器中的某一图层并右键时，便会弹出包含打开属性表项的菜单栏，点击打开属性表项，便会响应 openAttributeTableDialog( )函数。

9.4.3　创建属性表对话框

属性表对话框中显示着图层的属性字段数据。在属性表对话框中包含编辑属性值、编辑属性字段、字段计算统计以及最为关键的属性查询功能。在本实例中主要讲解属性查询

功能的实现, 其他功能实现思路与其类似。上一小节中讲到了 openAttributeTableDialog( ) 函数, 该函数主要实现属性表功能, 其核心代码为:

/* openAttributeTableDialog()函数 ——QGISTEST.cpp */

QgsAttributeTableDialog * d = new QgsAttributeTableDialog(mylayer,this);

d→show();//显示 QgsAttributeTableDialog 类对应的图层属性表对话框

其中最为关键的是 QgsAttributeTableDialog 类, 该类继承了 ui_QgsAttributeTableDialog 类, 该类是由 QgsAttributeTableDialog. ui 编译生成的, 它是属性表的界面 UI 文件, 我们可以直接使用源码中…src/ui 文件夹中 UI 文件, 当然也可以自己使用 Qt 设计师创建一个 UI 文件, 在 UI 界面中一定要包含属性查询按钮 mExpressionSelectButton, 当点击该按钮时在 QgsAttributeTableDialog 类中便会响应 on_mExpressionSelectButton_clicked( )函数, 其核心代码如下:

/* on_mExpressionSelectButton_clicked()函数 ——QgsAttributeTable-Dialog.cpp */

QgsExpressionSelectionDialog * dlg = new QgsExpressionSelection-Dialog(mLayer);

dlg→show(); //显示 QgsExpressionSelectionDialog 类对应的属性查询对话框

9.4.4 创建属性查询对话框

属性查询对话框主要是依据用户输入的属性字段表达式来过滤满足条件的图层要素。如 9.4.3 所述, QgsExpressionSelectionDialog 类主要负责属性查询过滤功能, 该类继承了 ui_QgsExpressionSelectionDialog 界面类, 在界面中主要分为表达式栏、功能栏两个核心部分。表达式栏主要为基础的运算符, 在功能栏中可以选择运算的属性字段或者高级运算函数等。当用户选择好属性过滤表达式时, 点击【选择】按钮, 便会触发 on_mActionSelect_triggered( )函数, 核心代码如下所示:

/* on_mActionSelect_triggered()函数—qgsexpressionselectiondialog.cpp */

void QgsExpressionSelectionDialog:: on_mActionSelect_triggered ( )

{

QgsFeatureIds newSelection; //选择的要素 ID

//从获取用户输入的表达式文本

QgsExpression * expression = new QgsExpression(mExpressionBuilder→expressionText());

const QgsFields fields = mLayer→pendingFields(); //返回图层的属性字段列表

QgsFeatureIterator features = mLayer→getFeatures(); //获取图层

要素集

　　expression→prepare(fields)；//为表达式计算找到对应的属性字段列表

　　QgsFeature feat；//要素变量

　　while (features.nextFeature(feat)) //根据表达式找出满足条件的所有要素的 ID 号

　　{ //evaluate()函数可以实现表达式的计算选择

　　　　if (expression→evaluate(&feat, fields).toBool()){newSelection << feat.id();}

　　　　}

　　features.close()；//结束遍历

　　mLayer→setSelectedFeatures(newSelection)；//根据 ID 选择并显示满足条件的要素集

　　}

　　将代码实现后，进行单模块测试。以武汉市地铁站矢量点数据为例，选择地铁出口站数量大于 3 的所有地铁站，可在属性表对话框中看到满足条件的要素均被高亮选中，在画布中的被选中的点要素则以黄色高亮显示，如图 9-36 所示。

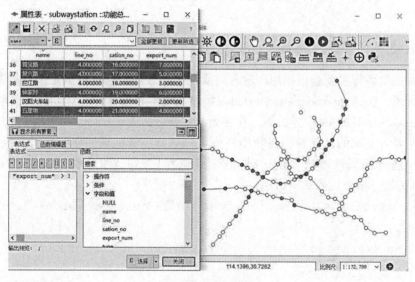

图 9-36　属性查询

9.5　制图输出

　　地图制图是大多数 GIS 软件的必备功能，通过添加图幅图廓、基本地图要素、采用多种多样的可视化符号，可以制作精美的专题图。本节主要介绍 QGIS 二次开发地图制图和输出的功能实现。首先介绍 QGIS 中的制图模板，制图模块能实现将画布中图层输出为标准地图形式。然后介绍添加基本的地图要素功能，包括比例尺、图例、指北针、统计图表、文字等要素，使地图内容可读可量测，最后讲解地图输出功能的实现。

9.5.1 制图模板

制图模块能实现将主界面中图层输出为标准地图形式的功能。要实现制图输出的功能，首先在主界面的 UI 上添加名称为 mActionNewPrintComposer 的控件，再在 QGISTEST.cpp 文件中添加响应函数，核心代码如下：

```
/* QGISTEST.cpp */
    connect ( ui.mActionNewPrintComposer, SIGNAL ( triggered ( )),
this,SLOT(newPrintComposer())); //构建制图响应对话框
/* newPrintComposer()函数 —QGISTEST.cpp */
void QGISTEST::newPrintComposer()
{
    QString title = uniqueComposerTitle(this,true);//检查名称是否
一致
    createNewComposer(title);//创建新的制图模板
}
```

其中，newPrintComposer( )函数中的 uniqueComposerTitle( )函数负责检查用户制图命名的合法性，如果与历史保存的重名或者为空，则需要重新命名，createNewComposer( )函数根据用户输入的 title 来创建唯一的制图模块，在该函数中包括 QgsComposer 类，该类负责初始化制图模块界面，并为制图所需的各种功能提供实现的接口函数，createNewComposer( )函数的核心代码如下：

```
/* createNewComposer()函数 —QGISTEST.cpp */
QgsComposer * QGISTEST::createNewComposer(QString title)
{
    //依据 QgsComposer 类创建一个新的制图模块
    QgsComposer * newComposerObject = new QgsComposer(this,ti-
tle);
    //将该制图模块加入到现有的打印制图类中去
mPrintComposers.insert(newComposerObject);
    //and place action into print composers menu
newComposerObject→open();//打开制图输出界面
    markDirty();//工程中设置发生改变时,进行更新
    return newComposerObject;
}
```

新建制图模板后最为关键的是将主界面画布中所有显示的图层添加到制图模板中来，该功能主要通过 QgsComposer 类中的 addComposerMap( )函数实现，其核心代码如下：

```
/* addComposerMap()函数 —qgscomposer.cpp */
```

```
void QgsComposer;:addComposerMap(QgsComposerMap * map)
{//mapCanvas()可获取主界面画布中的图层
    map→setMapCanvas(mapCanvas()); //设置制图地图为画布中的图层
//QgsComposerMapWidget 类为地图窗体控件
    QgsComposerMapWidget * mapWidget = new QgsComposerMapWidget
(map);
    mItemWidgetMap.insert(map,mapWidget);//将 map 插入制图地图控
件中
}
```

9.5.2　制图要素

地图的制图要素包括：比例尺、图例、指北针和制图信息等，实现这些功能依赖
QgsComposer 类。QgsComposer 类中引用了 qgscomposerbase. ui 的编译文件，在该 UI 界面上
添加每个制图要素对应的按钮，并在 QgsComposer. cpp 中添加相应的点击响应函数。以添
加比例尺的功能为例，当点击制图主界面上的比例尺按钮时，在制图界面的画板上便可以
拖拽出一个比例尺。该功能主要是使用 addComposerScaleBar() 函数实现的，核心代码
如下：

```
/* qgscomposer.cpp */
connect(mComposition,SIGNAL(composerScaleBarAdded(QgsComposer-
ScaleBar * )),this,SLOT ( addComposerScaleBar ( QgsComposerScaleBar
*)));
    /* addComposerScaleBar()函数 —qgscomposer.cpp */
    void QgsComposer:: addComposerScaleBar ( QgsComposerScaleBar  *
scalebar)
{
//新建一个 QgsComposerScaleBarWidget 控件,用于显示比例尺
    QgsComposerScaleBarWidget * sbWidget = new QgsComposerScale-
BarWidget(scalebar);
    mItemWidgetMap.insert(scalebar,sbWidget);
}
```

其中，mComposition 变量为 QgsComposition 类，该类继承 QGraphicScene 类和
QgsExpressionContextGenerator 类，主要负责制图的画板显示和响应函数等功能。另外，
QgsComposerScaleBarWidget 类中还封装了用于实现用户对比例尺的一系列操作，如更改比
例单位和样式、缩放等。

9.5.3　制图输出

制图输出主要指地图布局整饰完成后，将地图输出打印。输出的图像格式包括图像格
式(bmp、jepg 等)、SVG 格式、PDF 格式等。在 qgscomposerbase. ui 制图主界面中，包含

mActionExportAsImage、mActionExportAsSVG、mActionExportAsPDF 三个制图输出的控件，点击便可实现导出相应格式。以实现导出图像格式的单幅地图为例，通过 on_mActionExportAsImage_triggered() 函数来实现，核心代码如下：

```
/* on_mActionExportAsImage_triggered()函数 —qgscomposer.cpp */
void QgsComposer:: on_mActionExportAsImage_triggered()
{
    int width = (int)(mComposition→printResolution() * mComposition→paperWidth() /25.4);  //设置图像的长和宽
    int height = (int)(mComposition→ printResolution() * mComposition→paperHeight() /25.4);
    int dpi = (int)(mComposition→printResolution());  //设置输出图像分辨率
    QgsAtlasComposition * atlasMap = &mComposition→atlasComposition();  //地图集
    if (mode == QgsComposer:: Single)
    {
        QString outputFileName = QString:: null;  //初始化输出文件名称
        QPair <QString, QString> fileNExt = QgisGui:: getSaveAsImageName(this, tr("选择一个文件路径来保存图像"), outputFileName);
        for (int i = 0; i < mComposition→numPages(); ++i)  //当含有多张地图页时
        {
            QImage image = mComposition→printPageAsRaster(i);  //Qimage类，获取图片
            bool saveOk;
            QString outputFilePath;  //输出文件路径
            if (i == 0){outputFilePath = fileNExt.first;}  //如果是第一页
            else
            {
                QFileInfo fi(fileNExt.first);
                outputFilePath = fi.absolutePath() + "/" + fi.baseName() + "_" + QString:: number(i + 1) + "." + fi.suffix();  //输出的图像文件名称，根据页面数来确定
            } //save()函数保存专题图
            saveOk = image.save(outputFilePath, fileNExt.second. toLocal8Bit().constData());
        }
```

其中，Qimage 类是一种栅格图像类，m_composition 通过 printPageAsRaster 函数将页

面中地图的数据转化为 Qimage 类的图片数据，再使用 Qimage 类的 save 函数便可保存图像到指定的文件路径。

点击 F5 键运行程序，在主界面菜单中点击【项目】→【新建打印】版面，弹出制图标题对话框，在其中填入制图模板的标题，如图 9-37 所示。

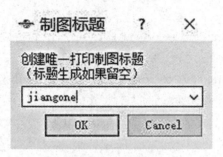

图 9-37　制图标题

确定好标题后点击【OK】按钮，进入制图主界面。按照专题图添加相应的制图要素，并进行相关的图幅整饰，如图 9-38 所示。

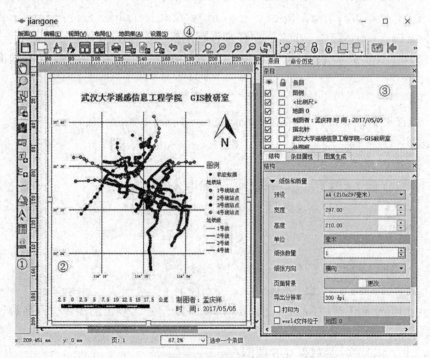

图 9-38　图幅整饰

图 9-38 界面是由 QgsComposer 类控制的，该界面主要可以分为四个部分：

①制图要素。制图要素包括比例尺、指北针、图例等，点击【制图要素】按钮后在制

图画板中便可拖拽出对应的制图要素。

②制图画板。制作专题图的容器，所有的地图控件全都放置于此，类似于画布功能。

③属性设置栏。该项主要设置每个制图布局控件的属性、结构等内容。

④工具栏。该部分主要是对制图模块的操作，包括漫游、制图输出等。

图幅整饰完成后，点击【导出为位图】按钮，选择保存图像的文件路径和文件名。

9.6 集成

在前面两节中我们主要讲解了加载矢量图层功能和属性查询功能的实现。在本节中将展示所有 QGIS 二次开发的功能集成测试的效果。

集成测试的界面总体框架如图 9-39 所示，主要分为菜单栏、工具条、图层管理器、文件浏览器、画布、状态栏等 6 个核心部分。

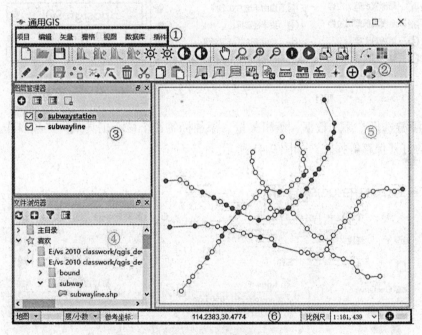

图 9-39　主界面

1. 菜单栏

菜单栏主要分为项目、编辑、矢量、栅格、视图、数据库、插件。项目是指工程文件的打开保存、制图输出等功能；编辑主要针对矢量数据进行编辑操作；矢量是指添加矢量数据，包括 shpfile 格式、WFS 图层和文本数据等功能；栅格主要包括添加栅格数据以及简单的图像处理功能；视图是指用户控制界面视图是否显示；数据库主要是连接 POSTGIS 数据库功能，插件主要是指 Python 插件功能，如图 9-40 所示。

2. 工具栏

工具栏主要是将菜单栏中的常用功能整合成工具条，在本书的集成测试中主要包含工

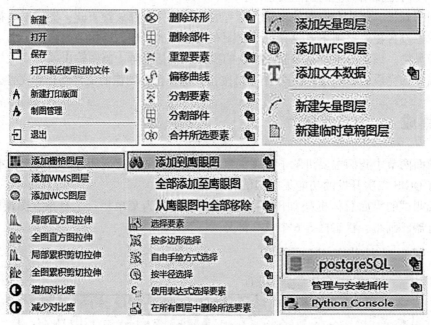

图 9-40　菜单栏

程操作、漫游选择、添加数据、编辑矢量、添加标签 5 个核心工具条。工程操作主要包括 qgs 工程的打开保存等操作，如图 9-41 所示。

图 9-41　工程操作

　　漫游选择工具条包括地图漫游和选择要素两个功能。地图漫游主要是指对画布中的图层可以进行拖动、缩放、居中显示等操作；选择要素包括识别要素和选中要素，如图 9-42 所示。

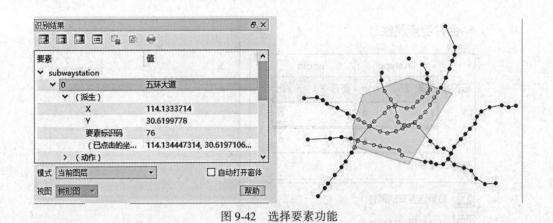

图 9-42 选择要素功能

添加数据包括本地数据、Web 数据以及数据库数据三种。本地数据指本机上的 shp 矢量和栅格数据；Web 数据是指 WMS、MFS、WCS 数据；数据库数据是指连接 POSTGIS 数据库读取到的数据。添加 Web 数据操作如图 9-43 所示。

图 9-43 添加 Web 数据

编辑矢量主要是指对矢量数据进行编辑，包括对矢量数据的移动、剪切、旋转、添加删除等操作，以合并要素为例，如图 9-44 所示。

添加标签主要是在图层上添加临时点、线、面和特殊的符号注记，包括文本注记、

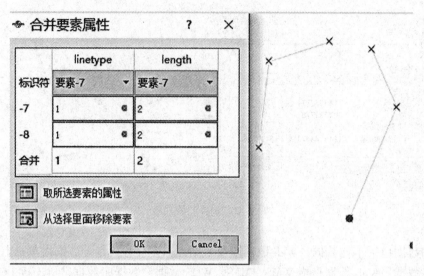

图 9-44　合并要素

HTML 注记和 SVG 注记，注记的大小、颜色和样式均可以改变。结合制图输出功能我们将标签注记与原始图层一起输出制图，如图 9-45 所示。

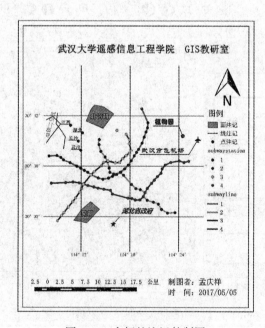

图 9-45　含标签注记的制图

3. 图层管理器

图层管理器主要负责显示用户加载的图层数据，主要包含图层属性表和图层样式两个核心功能。图层属性表主要负责显示图层的属性字段并提供属性过滤和计算的功能；图层样式表控制图层的显示样式，如图 9-46 所示。

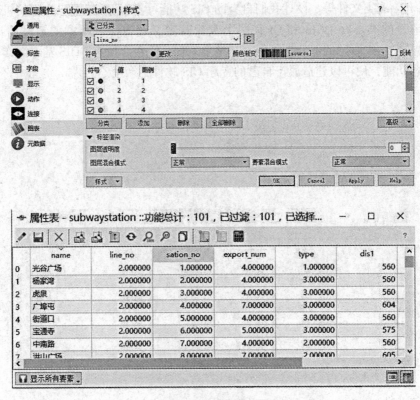

图 9-46　图层管理器

4. 文件浏览器

文件浏览器主要是将本机的文件路径全部显示在该模块，便于用户在文件浏览器中直接选择文件夹添加数据。

5. 画布

画布主要是显示用户添加的图层数据，图层的显示与否以及显示样式均通过图层管理器来控制。

6. 状态栏

状态栏主要负责显示图层中鼠标的坐标、比例尺和参考坐标系等信息。

9.7　本章小结

在本章中，主要针对 QGIS 二次开发进行了讲解，涉及 QGIS 源码的编译、开发环境配置、工程实例开发以及集成测试等方面内容。在 QGIS 源码编译过程中切记要耐心仔细，一个错误操作可能会引出众多编译错误。另外，本书中给出的指导没有涵盖所有的常见编译问题，针对特殊的问题需要充分利用网上资源查找解决方案。在工程开发实例中本书主要以加载数据、属性查询和制图输出三个功能为例，介绍了 QGIS 二次开发的功能实现思路和核心代码。在开发功能时需要充分理解 Qt 的信号/槽机制，利用好源码资源，包括 UI 文件和 cpp 类文件等。设计我们自身的 GIS 功能可参考 QGIS 源码实现的机理，对于源码中不清楚的类可在 QGIS 和 Qt 官网上查找其定义和方法。本章的最后给出了整个 QGIS 二次开发集成测试的部分结果展示，整个工程几乎包含所有 QGIS 基本操作功能，再结合某主题功能，便可以建造属于自己的专题 GIS 软件平台了。

参 考 文 献

1. QT 官网，https：//www. qt. io/

2. QGIS 官网，https：//www. qgis. org/en/site/3. PostGIS 官网，http：//www. postgis. org/

4. PostgreSQL 官网，https：//www. postgresql. org/

5. 百度百科，https：//baike. baidu. com/

6. gitHub 官网，https：//github. com/

7. Python 官网，https：//www. python. org/

8. QtDesigner 使用在线帮助，http：//doc. qt. io/qt-4. 8/designer-quick-start. html

9. Cmake 使用及下载，http：//www. cmake. org/files/

10. Eclipse 社区，http：//www. eclipse. org/

11. CSDN 社区，https：//www. csdn. net/